PETRA FREY

DER WELPEN ALLTAGS-HELFER

Entspannt und souverän alle Situationen von Anfang an meistern

PETRA FREY

DER WELPEN ALLTAGS-HELFER

Entspannt und souverän alle Situationen von Anfang an meistern

Videos zum Buch

Zu verschiedenen Themen gibt es zusätzlich hilfreiche Videos. Navigiere zu www.welpenkanal.com/der-welpen-alltags-helfer/ und logge dich mit dem Passwort »maketrainingfun!« in den exklusiven Videobereich ein.

HERZLICH WILLKOMMEN!

Ich bin Petra Frey, Verhaltenstrainerin und mittlerweile auch begeisterte Spezialistin für Welpen. Ursprünglich habe ich mich gar nicht mit Welpen beschäftigt, denn ich komme eigentlich aus dem klassischen Verhaltenstraining. Das bedeutet, ich habe viele Jahre mit Hunden gearbeitet, die bereits Verhaltensprobleme aufwiesen. Manche dieser Vierbeiner lebten schon jahrelang im Tierheim und waren kaum vermittelbar, andere hatten bereits solch große Probleme entwickelt, dass ihre Menschen kein normales Leben führen konnten. Viele dieser Hundehaltenden hatten enorme Ängste vor alltäglichen Situationen, sodass ihre Lebensqualität deutlich eingeschränkt war.

Die Arbeit mit solch problematischen Hunden ist zum Teil äußerst frustrierend, denn so gut wir Trainer und Trainerinnen unsere Arbeit auch machen – bereits bestehende Probleme zu beheben, ist immer wesentlich schwieriger, als sie erst gar nicht entstehen zu lassen. Wie oft habe ich mir damals gesagt: Hätte man von Anfang an alles richtig gemacht, was für ein toller Hund hätte das sein können!

Auch in meiner Verhaltenspraxis wurde mir im Laufe vieler Gespräche bewusst, dass oft einfache Maßnahmen die Probleme verhindert hätten, die Menschen diese aber schlicht nicht kannten. Sehr häufig hatte ich sogar äußerst bemühte Hundehaltende vor mir, die aber die falschen Dinge trainiert hatten. Und so entstand mein Wunsch, Menschen und ihren Vierbeinern von Anfang an besser zu helfen, damit Verhaltensprobleme gar nicht erst aufkommen.

Ich absolvierte den renommierten Welpentrainerlehrgang der University of Lincoln, um so viel wissenschaftliches Grundlagenwissen wie möglich zu erlernen. Gewappnet mit diesen Erkenntnissen, begann ich nun, Welpentrainings anzubieten. Doch ich startete nicht, wie ich es aus meiner Verhaltenspraxis gewohnt war, mit einem Welpenkurs, bei dem ich Menschen mit ihren Welpen in ein fixes Programm steckte, sondern ich begann mit Einzeltrainings. Ich wollte als Erstes den frischgebackenen Hundebesitzern zuhören. Wie sahen die Probleme mit ihrem Hundekind und neuen Familienmitglied genau aus? Womit hatten sie zu kämpfen, und was brauchten diese Menschen und ihre Vierbeiner?

Jetzt, Jahre später und nach etlichen Hund-Mensch-Teams, die ich durch die Welpenzeit begleiten durfte, kann ich sagen: Ich habe so viel durch euch gelernt! Ich habe gelernt, dass eine gute Vorbereitung und das richtige Wissen großen Frust und eine ganze Reihe von Problemen verhindern können. Insbesondere habe ich gelernt, dass jedes Hundekind anders ist, sodass es keine fixen Wochenpläne gibt, die für jeden Welpen passen. Stattdessen ist ein gut geschulter Mensch, der auf die diversen Herausforderungen flexibel reagieren kann, die beste Trainingsmaßnahme.

In diesem Buch wirst du daher jede Menge Hintergrundwissen finden, noch bevor es zu den einzelnen Kapiteln mit den Praxisanleitungen kommt. Sosehr das Training mit einem Welpen Spaß macht und du vielleicht mit der ein oder anderen Übung am liebsten gleich starten möchtest – nimm dir bitte dazwischen oder, noch besser, zuvor genug Zeit für die Theorieteile. Du wirst sehen, es lohnt sich, denn mit dem richtigen Wissen gewappnet, wirst du der beste Lehrer für deinen Welpen sein!

Also, wenn du lernen willst, wie du deinen Welpen richtig und liebevoll begleiten kannst, wenn du ihn verstehen und dabei stets auf Augenhöhe mit ihm kommunizieren möchtest, dann bist du hier genau richtig!

In diesem Sinne

make training fun!

GEBRAUCHSANWEISUNG FÜR DIESES BUCH

Mein Ratgeber soll dich optimal durch den Alltag mit deinem Welpen begleiten. Ich werde dir daher eine gute Portion Wissen über moderne Welpenerziehung vermitteln und natürlich zahlreiche Übungen und Tricks für den Alltag zeigen.

Was dieses Buch allerdings nicht leisten kann: Es ist keine bloße Rezeptsammlung! Jeder Welpe ist ein Individuum mit ganz eigenen Besonderheiten – somit hat auch jedes Welpen-Mensch-Team seine eigenen Hochs und Tiefs. Dieses Buch wird dich theoretisch und praktisch so vorbereiten, dass du entscheiden kannst, welche Übungen und Maßnahmen die richtigen für dich und deinen Vierbeiner sind.

Das Buch ist in vier Teile gegliedert:

1. **Die Vorbereitung auf deinen Welpen**
2. **Die ersten Tage mit dem Welpen**
3. **Praktische Trainingsanleitungen**
4. **Beschäftigungsmöglichkeiten mit deinem Welpen**

Starte am besten mit dem ersten Teil. Hier erhältst du jede Menge theoretisches Hintergrundwissen für die Welpenzeit an die Hand. So bist du optimal gerüstet für den Einzug deines neuen Familienmitglieds und weißt, was auf dich zukommt.

Falls dein Welpe bereits eingezogen ist, wird dir vermutlich schon die ein oder andere Praxisanleitung im Alltag helfen. Hier gilt: Starte am besten mit einer einfachen Übung, sodass ihr, du und dein Welpe, ein Erfolgserlebnis haben könnt. Die Reihenfolge der Übungen ist lediglich ein Vorschlag, aber keinesfalls ein Muss! Passe dich hier am besten an deinen Welpen an. Was fällt ihm leicht? Was macht er gern? Und vor allem: Hat er möglicherweise mit einigen Dingen Probleme und braucht dabei Hilfe? Wähle aus dem Übungskatalog also die Einheiten, die dir und deinem Hundekind helfen und vor allem Spaß machen.

Abschließend findest du dann noch ein Kapitel zur richtigen Beschäftigung deines Welpen. Hier zeige ich dir verschiedene Möglichkeiten auf, wie du deinen kleinen Wildfang körperlich und geistig auslasten kannst. Außerdem weise ich dich insbesondere auf diverse Fehler hin, die du dabei keinesfalls machen solltest! Baue diese Ideen einfach in deinen Alltag ein und beobachte, wie dein Vierbeiner darauf reagiert. Du wirst schnell merken, welche Aktivitäten ihm besonders liegen, was er gern macht und was euch beiden guttut.

Und noch ein letzter Hinweis: Aus Gründen der leichteren Lesbarkeit wird auf eine geschlechtsspezifische Differenzierung verzichtet. Entsprechende Begriffe gelten im Sinne der Gleichbehandlung für alle Geschlechter.

Ich hoffe nun, dass du die gemeinsame Reise mit deinem neuen Familienmitglied genießt – und vor allem hoffe ich, dass ihr beide, du und dein Welpe, viel Spaß beim gemeinsamen Lernen habt!

Herzlichst,
eure Petra Frey

1

DIE **VORBEREITUNG** AUF DEINEN WELPEN

Zieht ein Hundekind bei dir ein, wird es deine Welt zunächst ziemlich auf den Kopf stellen. Was auf dich zukommt und welche Vorbereitungen du am besten schon im Vorfeld treffen solltest, erfährst du in diesem Kapitel.

ZUSAMMENLEBEN MIT EINEM HUNDEKIND

Der Einzug eines Welpen in dein Haus oder deine Wohnung bedeutet: Nicht ist mehr wie zuvor! Das ist zwar wunderschön und aufregend, aber zeitweise auch anstrengend und nervenaufreibend. Deswegen nutze den immensen Vorteil, dich bereits im Vorfeld darüber zu informieren, was mit einem Welpen auf dich zukommt. Worauf solltest du also gefasst sein?

DER WELPE TESTET DICH UND SEINE UMGEBUNG

Nachdem das Hundekind bei seiner Geburt keine Gebrauchsanleitung für uns Menschen und unsere Umgebung mit auf den Weg bekommt, muss es selbst herausfinden, in was für einer Welt es da gelandet ist. Das dauert einige Zeit und beginnt bereits beim Züchter, im Tierheim oder in seiner sonstigen Umgebung im Lauf seiner ersten Lebenswochen. Wesentliche Einschnitte und Lernphasen durchlebt der Kleine anschließend bei seiner neuen Familie.

Zieht das Hundekind in sein neues Zuhause ein, so kennt es die menschlichen Vorlieben sowie individuellen Regeln in eurer Familie noch nicht. Zudem kommt es in eine völlig unbekannte Umgebung, die es erst Schritt für Schritt erkunden muss. So wird ein Welpe, der in einem einsamen Haus mitten in der Natur landet, ganz andere Dinge lernen müssen als einer, der in einer Zweizimmerwohnung mitten in der Stadt lebt. Was macht der Kleine also nun, um seine neue Welt kennenzulernen? Er testet und probiert sich aus! Dazu zählen beispielsweise die unterschiedlichsten Dinge, über die du dir am besten schon vorher im Klaren sein solltest:

- Er nimmt alles ins Maul, um herauszufinden, wie sich die Gegenstände anfühlen, ob sie fressbar sind und ob man sie zerkleinern kann.
- Er wird erkunden, wo er sich bequem hinlegen kann.
- Er wird an dir hochspringen oder gar in dein Hosenbein beißen, um von dir Aufmerksamkeit zu bekommen.

GUT ZU WISSEN

Mythos Dominanz

Mit diesem Austesten stellt dich der Hund keineswegs infrage. Er macht das nicht, um dich zu ärgern – er hat nur keine andere Wahl, als auf diese Weise herauszufinden, wie er sich in seinem neuen Umfeld am besten verhält. Und es stimmt auch nicht – wie manche Menschen denken –, dass der Hund damit seinen Platz in der »Rangordnung« mit dem Menschen sucht. Dies ist einer der vielen Mythen in der Hundeerziehung, die sich leider hartnäckig halten. Früher dachten wir, dass Hunde mit uns in einer Art Rudel leben, in dem es einen Rudelführer gibt. Moderne Verhaltensforschung zeigt jedoch, dass Hunde nicht in Rudeln mit einem Rudelführer leben und dieses Konzept also gar nicht auf das Zusammenleben mit uns Menschen zutrifft. Das Zusammenleben von Mensch und Hund ist vielmehr von Kooperation geprägt, nicht von Unterdrückung. Du kannst also ganz entspannt bleiben – die Testphase gehört zur gesunden Welpenentwicklung dazu und ist schlichtweg die Art, wie die kleinen Hundekinder ihre Welt entdecken. Und sei doch mal ehrlich: So anstrengend dieses Verhalten bisweilen ist – macht es nicht auch unheimlich Spaß, dem Treiben der Welpen und ihrer großen Lebenslust zuzusehen?

EIN WELPE KANN NICHT ALLEIN SEIN

Ein Thema, das viele Menschen gerade zu Anfang besonders schwierig finden, ist das Alleinbleiben. Der Hund kann noch nicht allein gelassen werden. Wenn man bedenkt, dass er bis zum Einzug in sein neues Zuhause im Optimalfall stets mit seinen Geschwistern zusammen war, dann wird klar, dass er Alleinsein schlicht nicht kennt. Insbesondere ist er nun ohne die anderen in einer neuen Umgebung gelandet und kennt sich nicht aus. Du solltest ihn also niemals einfach allein lassen! Nicht einmal, um schnell etwas einzukaufen. Das könnte zu einem so negativen Erlebnis führen, dass der Hund künftig beim Alleinsein panisch reagiert.

Allein zu bleiben muss langsam und behutsam trainiert werden. Je nach Welpe kann es Wochen und gar Monate dauern, bis man den Kleinen einige Zeit allein lassen kann. Das bedeutet für dich: Du bist die erste Zeit viel zu Hause oder hast Menschen, die beim Welpen bleiben. Stell dich unbedingt darauf ein und organisiere deinen Alltag so, dass du dies gewährleisten kannst!

Welpen haben keine Hände so wie wir Menschen. Aus diesem Grund lernen sie ihre Umgebung hauptsächlich mit ihrem Maul kennen. Und so greifen sie alles, was nicht niet- und nagelfest ist, mit ihren nadelspitzen Zähnchen auf und benagen es.

KROKODIL AUF VIER PFOTEN

Wenn ein Welpe ins Haus kommt, wirst du täglich mit dem Anblick dieses entzückenden Hundebabys belohnt. Doch sei dir dessen bewusst, dass dieses Hundebaby regelmäßig zum Krokodil mutiert! Welpen erkunden ihre Welt mit ihrem Maul, und darin stecken äußerst spitze Welpenzähne. Mit diesen benagen sie alle möglichen Gegenstände, inklusive Mensch. Das ist äußerst unangenehm und wird von uns Menschen oft unterschätzt. Ein überdrehter Welpe lässt nämlich nicht so schnell los! Mach dich darauf gefasst und bereite alle Familienmitglieder darauf vor, insbesondere falls du Kinder hast. Diese bekommen nämlich schnell Angst, wenn der geliebte kleine Hund ihnen wehtut, auch wenn er dies nicht böse meint.

STUBENREINHEIT

Auch das leidige Thema Stubenreinheit gehört zum Welpenalltag dazu. Welpen müssen erst lernen, ihre Ausscheidungen zu kontrollieren, und die Orte kennenlernen, an denen sie sich lösen sollen. Dies ist ein Prozess, der mal länger und mal kürzer dauert. Rechne hier mit einigen Wochen bis hin zu Monaten, bis dein Welpe stubenrein ist. Hier gibt es große Unterschiede zwischen den verschiedenen Hunden, einige sind innerhalb von Tagen so gut wie stubenrein, bei anderen dauert es Monate, bis keine »Unfälle« mehr im Wohnbereich passieren. Stell dich darauf ein, anfangs alle ein bis zwei Stunden mit dem Kleinen hinauszugehen und immer wieder Pipipfützen oder Häufchen wegzuputzen. Sei deinem Welpen deswegen nicht böse, er muss, genau wie ein Baby, Schritt für Schritt die Stubenreinheit erlernen.

EINKAUFSLISTE

Das brauchst du für deinen Welpen

Damit du optimal vorbereitet bist, solltest du dir rechtzeitig vor dem Einzug deines Welpen eine gewisse Grundausstattung zulegen. So hast du alles Wichtige im Haus und kannst dich nun voll und ganz auf das neue Familienmitglied konzentrieren.

Fütterung:

- Futter- und Wassernapf
- Wassernapf für unterwegs
- Futter: feucht oder trocken oder selbst gemacht
- Kaumaterial: am besten groß und hart, sodass dein Welpe nichts abbeißen und sich daran verschlucken kann

Für das Training:

- Leckerchenbeutel: leicht zu öffnen und mit ausreichend Platz für viele Leckerchen
- Trainingsleckerchen: du kannst niemals genug Leckerchen dabeihaben
- »O my god«-Belohnungen: ganz besonders tolle Belohnungen

Nice to have:

- Futtertuben: wiederbefüllbar oder Einweg; hier kannst du das Dosenfutter unterwegs als Belohnung nutzen
- Befüllbare Snackroller
- Klicker: tolles Hilfsmittel, um dein Timing zu optimieren
- Pfeife: praktisch für den Rückruf

Schlafplatz:

- Jede Menge Decken
- Bett oder Korb

Nice to have:

- Welpenauslauf
- Box/Tasche (Stoff/Metall/Plastik) als Ruheort, nicht zum Einsperren!
- Zweitbox für das Auto

Für den Spaziergang:

- Brustgeschirr: verstellbar, da dein Welpe noch wächst, und einfach anzuziehen
- Leinen: Achte auf ein angenehmes Material; der Karabiner sollte an das Gewicht deines Hundes angepasst sein
  - drei Meter lang und halbierbar: so hast du eine 1,5-Meter-Leine für schmale Wege und drei Meter für den normalen Spaziergang

- fünf Meter: ideale Länge, um dem Welpen genug Freiraum zu geben
- zehn Meter

- Kotbeutel
- Namensanhänger

Eventuell:

- Je nach Fell und Jahreszeit: Mantel (leicht anzuziehen)
- Halsband: wenn es mal ganz eilig ist, mit dem Kleinen rauszugehen
- Evtuell Tasche: sehr praktisch, wenn du deinen Welpen öfter mal mitnimmst

Spielzeug (jede Menge!):

- Futterfüllspielzeug (Must-have!)
- Bekaubares Spielzeug
- Zerrspielzeug
- Plüschtiere
- Was dir gefällt
- Eventuell Foodpuzzletoys
- Eventuell Schnüffelteppich

Körperpflege:

- Hundeshampoo (für den Anfang nicht unbedingt notwenig, aber du weißt nie, wann sich dein Welpe in etwas Stinkigem wälzt
- Zeckenzange

Je nach Fell:

- Bürste, aber bitte eine weiche!
- Schergerät oder spezielle Schere (noch nicht einsetzen, aber auf jeden Fall schon zum Üben)

Nice to have:
Wohnungssicherung:

- Kindergitter
- Welpenauslauf: idealerweise ein flexibles Gitter, das du an deine Wohnverhältnisse anpassen kannst

Reinigung: insbesondere für Stubenreinheitsunfälle

- Küchenrollen (jede Menge)
- Sprayreiniger

Für den Transport im Auto:

- Hundebox oder Tasche
- Gitter
- Autogurt? (nicht besonders sicher)

Für den Transport in öffentlichen Verkehrsmitteln (manche öffentlichen Verkehrsmittelbetreibende verlangen, dass Hunde gesichert sind):

- Tasche
- Maulkorb (relativ schwierig, für den Welpen einen passenden zu finden! Warte lieber, bis du mit dem Kleinen persönlich im Geschäft die unterschiedlichen Modelle ausprobieren kannst)

DIE WOHNUNG WELPENSICHER MACHEN

Das Training beginnt schon vor dem Einzug deines Welpen! Im ersten Kapitel habe ich dir bereits erklärt, dass der Kleine dich und deine Umwelt testen wird (siehe Seite 13). Das kann insbesondere im Wohnbereich äußerst anstrengend und nervenaufreibend sein. Die beste Art, damit umzugehen, ist, dich gut darauf vorzubereiten!

Da diese Entdeckerphase von allein vorübergeht, musst du eigentlich nicht viel tun – dein Welpe wird immer weniger Dinge ins Maul nehmen und ausprobieren. Damit du während dieser ersten Zeit deine Nerven schonst, nichts kaputtgeht und insbesondere dein Hundekind keine unerwünschten Gewohnheiten entwickelt, beugst du am besten vor und machst deinen Wohnbereich welpensicher!

WEGRÄUMEN UND ABSICHERN ①

Überlege dir, in welchen Bereichen deiner Wohnung oder deines Hauses mit Garten sich dein Hundekind aufhalten wird. Dort solltest du alles wegräumen, was es nicht in sein Maul nehmen soll. Sichere all diese Bereiche so ab, dass es sich dort zwar austoben kann, aber du nicht immer wieder maßregelnd eingreifen musst.

- Bringe Kleinteile, Gefährliches und Wertvolles außer Reichweite deines neuen Familienmitglieds.
- Sichere Bücherregale und Ähnliches ab, sodass sie nicht umkippen können.
- Insbesondere auf Schuhe haben es kleine Hunde abgesehen. Räume sie daher vorerst einfach weg.
- Stromkabel ziehen Welpen magisch an. Auch diese solltest du daher absichern, sodass sie für spitze Hundezähne unerreichbar sind.
- Falls sich gewisse Räume nur schwierig sichern lassen, wie beispielsweise das Kinderzimmer, schließe sie einfach ab oder errichte ein Babygitter vor der Tür. So machst du sie unzugänglich für deinen Welpen.

Die Wohnung welpengerecht einzurichten, gehört zu den grundlegenden Vorbereitungen vor dem Einzug des Hundekinds. Nur so ist gewährleistet, dass die Bedürfnisse des Welpen erfüllt werden und auch du bei Bedarf einen sicheren Rückzugsraum hast.

- Sichere den Garten ab, sodass sich dein Welpe dort frei bewegen kann. Falls das nicht möglich ist, empfehle ich dir, zumindest einen Teil des Gartens einzuzäunen. Eine kleine Freilaufzone für das Hundekind ist Gold wert!
- Bringe einen Sichtschutz an: Falls vor deinem Garten spannende Dinge passieren – wenn beispielsweise ein Gehweg daran vorbeiläuft –, dann solltest du über einen blickdichten Sichtschutz nachdenken. Dieser verhindert zum einen, dass dein Welpe das Anbellen von Menschen am Gartenzaun erlernt. Zum anderen werden auch sonstige unkontrollierbare und unerwünschte Interaktionen mit Passanten unterbunden, etwa mit Menschen, die über den Zaun greifen und den Kleinen streicheln oder anlocken wollen.
- Sichere gefährliche Bereiche mit Gittern ab, beispielsweise freie Treppen oder giftige Pflanzen in Wohnung und Garten.
- Räume Teppiche weg! Welpen urinieren gern dorthin, wo es bereits nach Pipi riecht. Deine Böden sollten also generell gut zu reinigen sein, damit kein Urin-

geruch zurückbleibt. Schaffe deswegen insbesondere Teppiche für einige Zeit beiseite, denn es ist fast unmöglich, sie so zu reinigen, dass für die Hundenase kein Uringeruch mehr darauf haften bleibt.

ENTDECKUNGSMATERIAL BEREITSTELLEN ②

Dein neues Familienmitglied soll seine Entdeckungsfreude ausleben können. Deswegen ist es wichtig, dass du dir welpensicheres Material besorgst, das du ihm im Wohnbereich zur Verfügung stellst. Hierfür eignen sich verschiedene Hundespielsachen mit unterschiedlichen Texturen, Kauhölzer und Schnüffelspielzeug. Lege diese Gegenstände an verschiedenen Stellen aus, wo sie dich nicht stören. So hat dein Hundekind immer wieder etwas zum Entdecken und Benagen.

Am besten lässt du einen Teil der Spielsachen herumliegen, einen anderen Teil räumst du weg und rotierst diese durch. So findet dein Welpe immer wieder etwas Neues, und die Spielsachen bleiben auf diese Weise spannend.

Mein Tipp für die Bereitstellung von Spielzeug

Besorge im Vorfeld lieber zu viele Spielsachen als zu wenige. Dein Welpe wird nämlich das ein oder andere Spielzeug vermutlich zerbeißen. Das ist vollkommen normal und sollte ihm auch ermöglicht werden. Tausche die kaputten Objekte aus und gib deinem Welpen etwas Neues dafür.

Aber Achtung, aufgepasst …

… bei Bällen und Gegenständen, die sich bewegen: Manche Welpen reagieren wild auf bewegbares oder quietschendes Spielzeug. Falls du merkst, dass der Kleine dadurch überhaupt nicht mehr zur Ruhe kommt, solltest du solche Spielsachen wegräumen und nur sehr kontrolliert einsetzen.

… bei weicheren Spielsachen: Manche Welpen zerkauen und schlucken sie. Daher solltest du dem Hund nur beißsichere Gegenstände überlassen.

FRESS- UND TRINKECKE EINRICHTEN ③

Dein Welpe braucht einen Ort, an dem er ungestört fressen und trinken kann. Dieser sollte so beschaffen sein, dass sich der Bereich um die Näpfe herum gut reinigen lässt, falls mal etwas danebengeht. Es kann passieren, dass der Kleine beim Trinken Wasser verschüttet, den Napf umwirft oder mit dem Wasser spielt. Falls du einen empfindlichen Boden hast, solltest du dir eine abwaschbare Unterlage besorgen.

EINEN RÜCKZUGSORT FÜR DICH EINRICHTEN ④

Dein Welpe wird manchmal überdreht sein. Dann tendiert er dazu, Menschen zu beißen und an ihnen hochzuspringen. In so einer Situation solltest du die Möglichkeit haben, in einen anderen Teil der Wohnung zu wechseln, zu dem dein Welpe in dem Moment keinen Zugang hat. Am besten eignet sich hierfür ein Gitter, über das du bequem steigen kannst. Dein Welpe bekommt auf diese Weise einen Bereich, in dem er sich austoben darf, und du einen Rückzugsort, von dem aus du deinen kleinen wilden Rabauken entspannt beobachten kannst.

EIN RUHIGES PLÄTZCHEN FÜR DEN WELPEN FINDEN ⑤

Überlege dir, wo sich für deinen Welpen eine Ruhezone einrichten lässt, in die er sich zurückziehen kann. Sie sollte sich an einer ungestörten Stelle befinden, sodass der Hund dort auch wirklich zur Ruhe kommt. Das könnte eine gemütliche offene Box oder eine Ecke hinter dem Sofa sein, die mit Decken ausgekleidet wird. Insbesondere wenn du einen hektischen Haushalt oder einen eher hibbeligen Hund hast oder wenn du Besuch bekommst, ist so ein Rückzugsort wichtig. Er hilft dem Welpen, besser zur Ruhe zu finden, was wiederum zu einem ausgeglicheneren Hund führt.

MUSST DU NUN FÜR IMMER SO LEBEN?

Nein! Keine Sorge, dein Welpe wird sich mit der Zeit in sein neues Zuhause einfinden und den Alltag kennenlernen. Auf diese Weise entwickeln sich Alltagsgewohnheiten, und dein Hund wird immer weniger »austesten«. Somit kannst du immer mehr Sicherungsmaßnahmen abbauen, und nach einigen Monaten lebst du weitgehend wieder im Normalzustand.

Je nach Hund wirst du aber einige Dinge vermutlich für immer weggesperrt lassen müssen. So ist es beispielsweise vollkommen normal, dass auch ein erwachsener Hund gern Mülleimer ausräumt. Hier würde ich dir empfehlen, diese so abzusichern, dass dein vierbeiniger Liebling sie einfach nicht mehr erreicht.

Jeder Welpe ist anders, und manche Hundekinder neigen mehr zum Erkunden als andere. Die einen zerbeißen lieber Gegenstände, während die anderen mit Vorliebe an Möbeln hochhüpfen. Ich empfehle dir, dich schon im Vorfeld gründlich auf den Worst Case vorzubereiten, also auf ein besonders entdeckungsfreudiges neues Familienmitglied. Das spart nicht nur Nerven, sondern du kannst auch ganz entspannt in die Welpenzeit starten, weil du weißt, dass du bestens präpariert bist.

GUT ZU WISSEN

Tipps für die erste Zeit

Mit dem Einzug eines kleinen Hundekinds kommt eine spannende Zeit auf dich zu. Mach dich darauf gefasst, dass du jeden Tag neue Situationen erleben wirst, auf die du flexibel reagieren musst. Eine gute Vorbereitung ist wichtig und hilfreich, dennoch werden mit Sicherheit Verhaltensweisen auftreten, mit denen du nicht gerechnet hast. Kein Welpe ist perfekt, und schließlich ist jedes Hundekind ein Individuum. Die folgenden Ratschläge können dir helfen, die erste Zeit mit deinem neuen Familienmitglied zu überbrücken.

- **Hole dir Hilfe**

Damit du die verschiedensten Herausforderungen mit einem Welpen gut meistern kannst, empfehle ich dir, Hilfe von anderen Menschen zu organisieren. Seien es Freunde, Freundinnen oder Familienmitglieder, die dir den Welpen hin und wieder abnehmen können, oder auch professionelle Hundesitter als Backup. Insbesondere wenn ungeplante Zwischenfälle passieren, wie ein unerwarteter Krankenhausaufenthalt, kannst du diesen Situationen wesentlich entspannter entgegensehen, wenn du weißt, dass dein Welpe gut versorgt ist.

Du wirst dich außerdem vielleicht auch mal mit deinem Hundekind überfordert fühlen. In solchen Situationen, die fast alle meine Kunden mit ihren Welpen kennen, hilft es immens, ab und zu jemanden zu bitten, eine Weile auf den Kleinen aufzupassen, um in dieser Zeit etwas für sich selbst zu machen.

- **Nimm dir Urlaub**

Die ersten Wochen mit dem Welpen sind äußerst zeitintensiv, denn das Hundekind muss sich erst an dich gewöhnen und kann keinesfalls allein bleiben. Idealerweise nimmst du dir für diese wichtige erste Zeit Urlaub. Du wirst sehen, dass die Welpenerziehung gleich viel besser klappt, wenn du keinen Arbeitsstress hast und dich voll und ganz auf den Kleinen fokussieren kannst.

- **Sei flexibel**

Die Welpenzeit ist nur bedingt planbar. Jeder Welpe ist anders. Manche sind ängstlicher und andere aufgeschlossener, manche sind verschlafener und andere fast schon hyperaktiv. Manche brauchen für gewisse Übungen länger als andere. Vielleicht hattest du auch schon einmal einen Welpen und bist von diesem gewisse Verhaltensweisen gewohnt. Mach dir bewusst, dass mit jedem neuen Hundekind ein neuer Charakter mit ganz unterschiedlichen Vorlieben, Talenten und möglicherweise Ängsten bei dir einzieht.

ZUHÖREN LERNEN

In diesem Kapitel lernst du deinen Hund besser zu verstehen, Probleme frühzeitig zu erkennen und wahrzunehmen, wenn dein Welpe sich unwohl fühlt. Dieses Kapitel ist daher eines der wichtigsten in diesem Buch. Beim Erlernen der Körpersprache wird jedoch ausnahmsweise nicht dein Hund ausgebildet, sondern DU selbst wirst zum Azubi!

In der Hundeerziehung geht es oft darum, sich zu überlegen, wie wir dem Welpen vermitteln können, was wir wollen und welches Verhalten wir in welcher Situation von ihm wünschen. Das ist natürlich ein wichtiger Baustein der Hundeerziehung, doch umgekehrt sollten wir Menschen uns genauso aufmerksam die Frage stellen: Wie kann mir mein Hund verständlich mitteilen, was er will, was er braucht und wie er sich fühlt?

Sehr viele Probleme mit Hunden entstehen, weil wir ihnen nicht richtig zuhören! Auf die Körpersprache achten zu lernen, ist daher eine der wichtigsten Maßnahmen, um Verhaltensproblemen vorzubeugen. In diesem Kapitel geht es also darum, dir zu zeigen, wie du deinen Hund verstehen kannst und wie du lernst zu erkennen, wann sich dein Liebling beispielsweise unwohl fühlt oder deine Hilfe braucht. Davon profitiert nicht nur dein Hund. Auch andere Vierbeiner, auf die dein Hund trifft, lernst du so besser einzuschätzen.

WIE EINE FREMDSPRACHE LERNEN

Betrachte die Hundesprache als eine Art Fremdsprache. Sie zu lernen, ist ein lebenslanger Prozess, und mit ziemlicher Sicherheit wirst du sie nie perfekt beherrschen, ABER: Je besser du wirst, desto besser verstehst du dein vierbeiniges Familienmitglied. Und das Beste daran: Hunde lieben Menschen, die ihnen zuhören und sie verstehen! Denn kaum etwas fördert die Beziehung zu unseren Hunden mehr, als wenn wir Menschen lernen, sie besser zu verstehen, ihnen zuzuhören und dadurch ihre Bedürfnisse besser zu erkennen und zu erfüllen!

KÖRPERSPRACHE LERNEN – SCHRITT FÜR SCHRITT

Von der Schnauze bis zum Schwanz kommuniziert der Hund und drückt dabei seine Stimmung und sein Befinden aus. Seine Körpersprache lernst du am besten Schritt für Schritt. Beginne mit dem einfachsten Teil, nämlich der Art der Körpersprache, die wir Menschen in gleicher Weise einsetzen: der Ausrichtung des Körpers.

DIE AUSRICHTUNG DES HUNDEKÖRPERS

Das erste und gleichzeitig auch auffälligste Merkmal, auf das du achten kannst, ist, in welche Richtung der Körper deines Hundes in der jeweiligen Situation zeigt. Achte hier insbesondere auf seinen Körperschwerpunkt sowie seine Kopfbewegung. Ein Beispiel: Wenn jemand deinen Welpen kennenlernen will und sich vor ihn hinkniet – wohin geht der Körperschwerpunkt des Hundes?

In Richtung des Menschen

Geht dein Hund auf den Menschen zu, so ist das ein Indiz dafür, dass er Interesse an der Person hat.

Weg vom Menschen

Bleibt sein Körper hingegen gerade oder lehnt sich dein Welpe eher nach hinten und dreht möglicherweise sogar seinen Kopf weg vom Menschen, so ist dein Hund vermutlich noch nicht bereit, auf diese Person zuzugehen. Lass deinen Welpen in solchen Situationen einfach weggehen.

Zwiespalt

Der vordere Teil des Hundes weist nach vorn, der hintere Teil nach hinten: Wenn der Welpe seinen Kopf Richtung Mensch neigt, seine Hinterbeine dagegen aber hinten stehen bleiben, sodass der Hund wie gespalten aussieht, dann befindet er sich in einem sogenannten Motivationskonflikt. Er ist zwar interessiert, hat aber noch Hemmungen, sich zu nähern. In so einem Fall solltest du deinen Welpen aus der Situation locken und ihm noch etwas Zeit geben.

Diese grundsätzlichen Regeln gelten für jegliche Situationen. Ob bei Begegnungen mit Hunden, Menschen oder anderen Tieren: Achte stets darauf, wohin dein Welpe will. Das gibt dir einen Hinweis darauf, wie er sich bei diesen Begegnungen fühlt.

Hier sieht man deutlich, dass der Körperschwerpunkt des Hundes in Richtung der jungen Frau geht. Der Welpe fühlt sich also vermutlich wohl mit der Interaktion und hat keine Probleme damit, die Passantin zu begrüßen.

Der Welpe genießt die Streicheleinheit der Passantin sichtlich. Allerdings könnte das Kopfwegdrehen auch darauf hinweisen, dass es dem Hundekind zu viel wird und es nun lieber weggehen möchte.

HÖR AUF DEINEN HUND

Fallbeispiel: meine Hündin Greta

Hier möchte ich ein Fallbeispiel bringen, das mich einst selbst betroffen hat – nämlich das Beispiel von meiner ersten eigenen Hündin Greta. Sie war eine entzückende Staffordshire-Bullterrier-Hündin aus dem Tierschutz, die eigentlich mit nichts auf der Welt Probleme hatte. Im Freilauf ging sie den meisten Artgenossen aus dem Weg und machte einen Bogen um Hunde, wenn diese entgegenkamen. Leider kannte ich mich damals mit Hundetraining noch nicht so gut aus und bildete mir ein, dass mein Hund »Fuß« zu gehen habe, wenn ich es sagte. Also nahm ich sie oft ins »Fuß« und zwang sie dazu, eng neben mir an fremden Hunden vorbeizugehen. Ich ignorierte ihr Bedürfnis, in einem Bogen und mit etwas Abstand vor fremden Hunden auszuweichen.

Das führte mit der Zeit dazu, dass sie, wenn sie an der Leine war, andere Hunde anbellte – was sie sonst nie tat! Ich konnte nicht verstehen, was los war, und machte genau das Falsche: Ich schimpfte mit ihr, sobald sie zu bellen anfing! Anstatt ihre Bedürfnisse zu berücksichtigen und einfach etwas auszuweichen, gingen wir nun bellend und schimpfend an anderen Hunden vorbei.

Ich glaube, ich muss hier nicht näher erläutern, dass dies das Problem keinesfalls verbesserte. Im Gegenteil: Es eskalierte irgendwann so weit, dass Greta auf einen anderen Hund hinschnappte! Ich war vollkommen ratlos: Meine Hündin, die sonst nie Schwierigkeiten machte, entwickelte nun auf einmal mit fünf Jahren ein Problem mit anderen Hunden!

Zum Glück holte ich mir zu diesem Zeitpunkt Hilfe und landete bei einer großartigen Trainerin. (Vielen Dank, Sabine!) Sie sah sofort, dass Greta einfach nicht geradewegs auf fremde Hunde zugehen wollte, und nachdem ich anfing, von fremden Hunden etwas Abstand zu halten, war das Problem schnell gelöst. Greta begann mir wieder zu vertrauen, und wir konnten mit der Zeit selbst an engen Stellen sehr dicht an Hunden vorbeigehen.

BESCHWICHTIGUNGSSIGNALE ERKENNEN

Knurren, Bellen, Beißen – das sind die Konfliktzeichen des Hundes, die du wahrscheinlich kennst. Das liegt daran, dass wir Menschen stark akustisch kommunizieren und daher meist erst dann auf die Vierbeiner eingehen oder reagieren, wenn sie laut werden. Hunde jedoch sind Tiere, die äußerst selten »laut« werden, sondern Konflikte mittels Beschwichtigungssignalen deeskalieren und Spannungen damit abbauen. Oft nehmen wir das aber gar nicht wahr.

Du kannst dir folgenden Satz merken: Bevor ein Hund knurrt oder gar beißt, zeigt er in den meisten Fällen die sogenannten Beschwichtigungssignale.

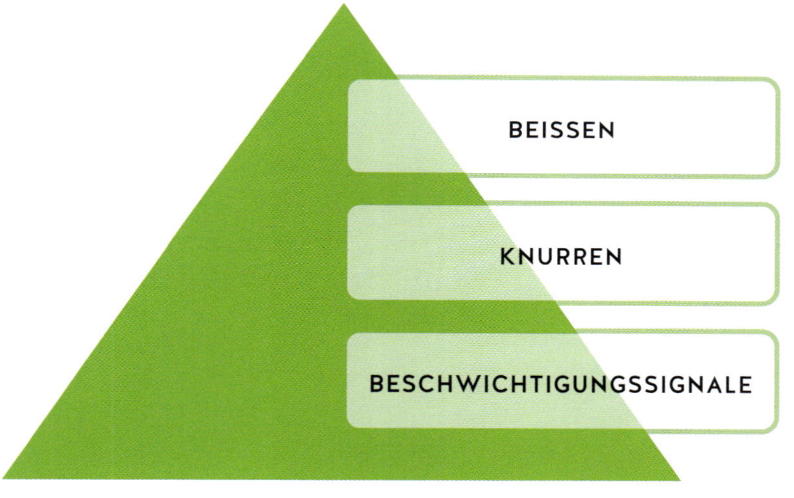

Die Beschwichtigungssignale können ganz unterschiedlich ausfallen. So zählen etwa die folgende Verhaltensweisen dazu:

- gähnen
- den Kopf wegdrehen
- schmatzen
- über den Nasenspiegel lecken
- sich abwenden, den Rücken zudrehen
- langsamer werden
- am Boden schnüffeln
- einen Bogen gehen
- die Pfote heben
- und vieles mehr

Jetzt sagst du dir vermutlich: Aber Hunde schnüffeln doch, weil sie eben gern schnüffeln! Und Hunde gähnen doch vermutlich, genau wie wir Menschen, wenn sie müde sind! Richtig! Wie du siehst, kann dasselbe Verhalten in verschiedenen Situationen eine andere Bedeutung haben. Deswegen gilt der Grundsatz:

Die Körpersprache des Hundes ist immer im Kontext zu betrachten!

Wenn dein Welpe beispielsweise auf einen anderen, fremden Hund trifft, dabei langsamer wird, möglicherweise einen Bogen geht und anfängt, am Boden zu schnüffeln, beschwichtigt er vermutlich. Wenn er hingegen im Garten, durch den gerade ein Kaninchen gelaufen ist, anfängt, langsamer zu gehen und zu schnüffeln, dann schnüffelt er vermutlich, weil es dort einfach gut riecht.

HÖR AUF DEINEN HUND

Fallbeispiel: Luna und das Brustgeschirr

Luna ist eine reizende Labradordame, die mit neun Wochen in ihr neues Zuhause kam. Hier musste sie vom ersten Tag an das Brustgeschirr anziehen, da ihre Familie keinen Garten als vorzeitige Lösestelle hatte. Wenn man ihr das Brustgeschirr anziehen wollte, drehte sie den Kopf weg vom Brustgeschirr – ein erstes Anzeichen dafür, dass es ihr unangenehm war.

Nachdem es der erste Hund der Familie war, verstanden die Menschen die Hundesprache noch nicht besonders gut und zogen ihr das Brustgeschirr ohne weitere Maßnahmen einfach über den Kopf. Nach einigen Tagen lief Luna bereits davon, wenn man das Geschirr nur in die Hand nahm. Ihre Menschen drängten das Hundekind in ihrer Verzweiflung nun in die Ecke oder hielten es fest, um ihm das Geschirr drüberzuziehen. Doch das führte dazu, dass Luna nach einiger Zeit anfing, ihre Menschen anzuknurren, wenn sie das Brustgeschirr ergriffen. Das Verhalten war also schrittweise eskaliert.

Damit dir das nicht passiert, achte von Anfang an darauf, wenn sich dein Welpe von einem Objekt oder einer Person abwendet, und trainiere diese Situation gezielt. Es könnte sonst schnell eskalieren, wenn du die Körpersprache des Hundes ignorierst!

Wenn du diese Signale kennenlernst, auf sie zu achten beginnst und dementsprechend auf deinen Hund eingehst, trägst du enorm dazu bei, dass sich dein Welpe bei dir wohlfühlt und er schlussendlich ein sicherer Alltagsbegleiter wird. Denn du kannst von folgendem Grundsatz ausgehen: Wenn dein Welpe lernt, dass du auf seine feinen Signale achtest, hat er keinen Grund, »laut« zu werden!

HÖR AUF DEINEN HUND

Fallbeispiel: Fips und der Rückruf

Mir fällt zum Thema falsch interpretierte Beschwichtigungssignale der süße Fips ein, ein sensibler Zwergpudel, dessen Besitzer Stefan ein großer, durchtrainierter Mann war. Stefan liebte Fips, und die beiden hatten eine fantastische Beziehung, aber: Stefan hatte große Mühe damit, seinen Hund anzuleinen, denn dazu musste er sich zu ihm hinunterbeugen.

Du kannst dir vorstellen, dass ein großer, muskulöser Mann ziemlich bedrohlich auf einen kleinen Zwergpudel wirken kann … Dies führte zu folgendem Problem: Wenn Stefan Fips rief, drehte der sich zwar um und kam auf Stefan zu, begann dann aber einen Bogen zu gehen, zu schnüffeln und immer langsamer zu werden.

Dies frustrierte Stefan verständlicherweise, und weil er damals noch nichts von Beschwichtigungssignalen gehört hatte, interpretierte er das Verhalten so: Fips will ihn ärgern und »testen«. Stefan bekam nun in seinem Bekanntenkreis den Tipp, strenger mit Fips zu werden. Stefan rief also lauter und immer wütender nach Fips – worauf Fips mit noch mehr Beschwichtigungssignalen reagierte. Er blieb nun in immer größerer Entfernung stehen, setzte sich hin und begann zu gähnen. Stefan wurde daraufhin immer wütender. Der Rückruf, den er eigentlich toll mit Fips trainiert hatte, klappte immer schlechter. Jedoch nicht, weil Fips Stefan »infrage« stellte oder »ungehorsam« sein wollte – ganz im Gegenteil: Fips wollte gern zu seinem Menschen zurück, aber sein Mensch machte es ihm schwer, denn Stefan signalisierte ihm ganz klar einen Konflikt: Er war angespannt und wirkte bedrohlich. Jeder gut sozialisierte Hund würde mittels Beschwichtigung versuchen, das Gegenüber zu besänftigen. Fips hatte also aus Hundesicht genau richtig reagiert – nur Stefan hatte es nicht richtig verstanden.

Nachdem Stefan nun auf seine Körpersprache achtete, sich beim Anleinen nicht mehr über Fips beugte und seinen Hund nach ein paar erfolgreichen Übungseinheiten mit tollen Leckerchen belohnte, konnte das Problem ganz leicht gelöst werden.

ANSPANNUNG UND ENTSPANNUNG ERKENNEN

Ein weiteres wichtiges Merkmal, auf das du bei deinem Hund stets achten solltest, ist die Anspannung seines Körpers. Es gibt dir einen wichtigen Hinweis darauf, wie sich dein Hund gerade fühlt – nämlich ob er entspannt oder angespannt ist.

Ist dein Vierbeiner entspannt?

Wenn dein Hund beim Spazierengehen locker geht oder trabt, dabei oft schnüffelt, sein Körper locker schwingt und das Ganze bei ruhigem Tempo geschieht, dann ist er vermutlich entspannt. Liegt dein Welpe mit lockerer Körperhaltung, vielleicht sogar seitlich oder auf dem Rücken, und streckt dabei seine Beine aus? Dann ist er vermutlich ebenfalls entspannt. Solange dein Vierbeiner entspannt ist, brauchst du dir meist keine weiteren Gedanken zu machen. Wie bei uns Menschen ist ein entspannter Körper ein Anzeichen dafür, dass sich dein Hund wohlfühlt.

Ist dein Vierbeiner angespannt?

Wenn dein Hund eine angespanntere Körperhaltung zeigt, steif wird, langsamer geht oder gar einfriert, solltest du genauer hinsehen. Das könnte passieren, weil ihm ein anderer Hund entgegenkommt, der ihm Angst macht, er eine Situation eigenartig findet oder er möglicherweise ein Beutetier wittert.

Ist dein Hund unter Anspannung, solltest du das nicht ignorieren! Beobachte ihn gut und versuche zu erkennen, wann er sich anspannt. So lernst du, Problemsituationen frühzeitig wahrzunehmen, und kannst dementsprechend reagieren.

Ignorierst du hingegen diese feinen Signale und gehst etwa weiter auf einen Hund zu, obwohl dein Welpe dir durch seine angespannte Körperhaltung oder starke Beschwichtigungssignale anzeigt, dass ihn diese Situation stresst, kann es sein, dass dein Hund in so starken Stress gerät, dass ein Konflikt entsteht. In solchen hochstressigen Situationen hat dein Hund nur noch folgende vier Möglichkeiten:

Die »vier Fs«

- Fight – Attacke: Der Hund knurrt, bellt, schnappt oder beißt.
- Flight – Flucht: Der Hund geht einen Bogen, läuft weg oder versteckt sich.
- Freeze – Einfrieren: Der Hund steht starr da und geht nicht weiter.
- Fiddle/Flirt – Herumalbern: Der Hund hüpft herum, springt hoch und macht hektische Bewegungen, was wie Spielverhalten aussehen kann.

1. Solange dein Welpe ganz entspannt ist und locker an der Leine neben dir läuft, fühlt er sich vermutlich wohl. Ähnlich wie bei uns Menschen deutet eine entspannte Körperhaltung des Hundes darauf hin, dass alles in Ordnung ist und kein Grund zur Sorge besteht.

2. Wenn dein Welpe jedoch ruckartig stoppt, plötzlich steif wird und sich vermehrt umsieht, solltest du ihn gut beobachten und gegebenenfalls stehenbleiben. Gehe einen Bogen um die vermeintlich bedrohliche Situation und biete deinem Welpen Schutz.

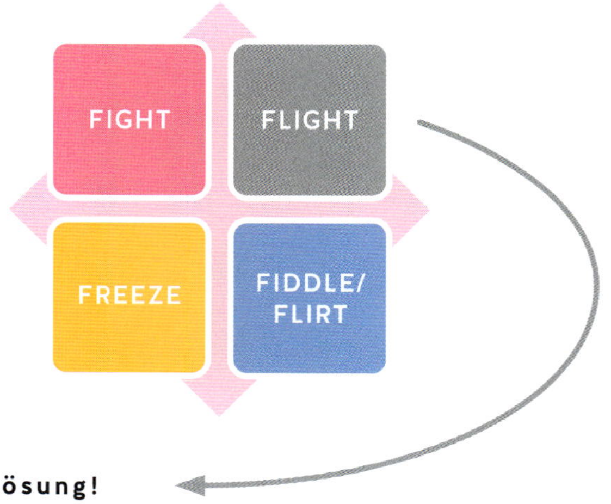

Weggehen ist die Lösung!

Falls du in eine Situation kommst, in der dein Hund eine der vier geschilderten Verhaltensweisen zeigt, lass ihn weggehen, bringe ihn gegebenenfalls weg oder locke ihn aus der Situation, falls er nicht von selbst ausweicht. Sonst besteht die Gefahr der Eskalation. Falls der Hund nicht beizeiten gelernt hat, was er tun soll, kann dies dazu führen, dass er irgendwann zu schnappen oder zu beißen beginnt.

1. Wenn es brenzlich wird, halte deinem Welpen ein Leckerchen vor die Nase und locke ihn damit aus der Situation weg.

2. Er lernt dabei: Im Konfliktfall gehe ich weg – und das darf ich auch, das ist völlig in Ordnung! (→ Magnethand, S. 136)

HÖR AUF DEINEN HUND

Fallbeispiel: Milka und die Hundezone

Milka ist eine entzückende Golden-Retriever-Hündin, die in einer Großstadt lebt. Dort ist es üblich, in sogenannte Hundezonen zu gehen. Das sind meist kleine, eingezäunte Bereiche, in denen Hunde frei laufen dürfen. In diesen Zonen treffen auf engstem Raum fremde Hunde aufeinander. Dementsprechend hoch ist das Stressniveau dort. Genau neben so einer Hundezone lebte Milka.

Ihr Problem war, dass sie stark an der Leine zog. Bei Hunden, die sie traf, reagierte sie mit wildem In-die-Leine-Springen und »lustigem« Herumhüpfen. Es sah wie Freude aus, doch auf den zweiten Blick erkannte man sehr schnell, dass Milka dabei extrem angespannt war und ihre Bewegungen sehr hektisch ausfielen. Milka freute sich nicht über die anderen Hunde, sondern war total überfordert mit all den vielen Artgenossen vor ihrer Haustür. Sie zeigte kein Spielverhalten, sondern ein sogenanntes Fiddeln. Deswegen zog sie auch so stark an der Leine.

Zum Glück verstand Milkas Frauchen das und stellte die Spaziergänge um. Sie ging mit Milka nicht mehr in die Hundezone, wenn dort fremde Vierbeiner waren, wich fremden Hunden auf der Straße aus und suchte gezielt Hundefreunde, mit denen sich Milka wohlfühlte. Das führte dazu, dass Milka beim Spazierengehen wesentlich entspannter wurde und wieder locker an der Leine gehen konnte.

SCHMERZEN ERKENNEN

Hunde haben, ähnlich wie wir, manchmal körperliche Probleme: Zahnschmerzen, Rückenschmerzen, Bauchweh … Aber sie können uns, genau wie Babys, nicht mitteilen, dass sie sich unwohl fühlen, und so leiden viele still und leise vor sich hin. In manchen Fällen entstehen dadurch sogar Verhaltensauffälligkeiten bis hin zu Aggressionsproblemen.

Wenn dein Hund aus »unerklärlichen Gründen« auf einmal ruhiger wirkt, anfängt, exzessiv Dinge zu benagen, bei manchen Berührungen beschwichtigt, manche Signale nicht mehr ausführt, vielleicht weniger zur Ruhe findet oder gar Hyperaktivität zeigt oder sonstige Eigenheiten entwickelt, dann könnten Schmerzen die Ursache dafür sein. Hole dir in diesen Fällen am besten tierärztlichen Rat.

HÖR AUF DEINEN HUND

Fallbeispiel: Sunny und das Baby

Um dir zu zeigen, wie gefährlich es werden kann, wenn wir die Körpersprache unserer Hunde ignorieren, möchte ich von einem Beispiel aus meiner Praxis erzählen.

Sunny, eine sehr sensible Border-Collie-Hündin, war vier Jahre alt, als ihre Halter ein Baby bekamen. Die ersten Monate verliefen problemlos, und anhand der Bilder aus dieser Zeit, die ich mir anschaute, sah Sunny wirklich entspannt aus. Die Probleme begannen, als das Baby anfing zu krabbeln. Vom herumliegenden kleinen Menschen hatte sich dieses Baby aus Sunnys Sicht nun zu einem unberechenbaren mobilen Kleinkind entwickelt, das liebend gern Sunny anfassen wollte.

So kam es, dass das Baby oft quer durch den Raum zu Sunnys Körbchen krabbelte, um den Hund zu begrüßen. Sunny lief daraufhin oft davon, das Kind kam aber immer wieder hinterher und »jagte« den Hund wiederholt durch die Wohnung. Sunny legte sich daraufhin irgendwann hin und schien die Berührungen zu erdulden. Doch eines Tages geschah Folgendes: Sunny knurrte das Kind in so einer Situation an. Die Eltern reagierten mit einem strengen »Nein« und schimpften mit Sunny. Doch leider wurde die Situation dadurch nur noch verschlimmert, denn Sunny traute sich nun nicht mehr zu knurren.

Einige Tage später passierte es wieder: Das Baby krabbelte auf Sunny zu, die nun starr wurde und förmlich einfror. Leider erkannten ihre Menschen nicht, dass Sunny da bereits im Freeze war, und dachten, Sunny hätte kein Problem. Sekunden später schnappte Sunny nach dem Baby! Nun rannten die Eltern zum Kind, nahmen das Baby hoch und versorgten es. Zum Glück kam es zu keinen schlimmeren Verletzungen, doch der Schaden war passiert: Sunny hatte gelernt, dass sie nur dann Distanz bekommt, wenn sie schnappt, das Baby hatte eine furchtbare Erfahrung gemacht, und ihre Menschen hatten nun Angst vor ihr.

Was du aus diesem Fall lernen kannst: Lass eine gefahrenträchtige Situation nicht eskalieren und bestrafe deinen Hund nicht, wenn er dir eigentlich eindeutig mitteilt, dass er ein Problem hat. Denn das Problem löst sich auf diese Weise nicht – ganz im Gegenteil. Das ist, wie wenn du aus dem piependen Feuermelder einfach nur die Batterie herausnimmst – die Problemquelle bleibt bestehen.

Gerade wenn dein Welpe mit Babys und Kleinkindern zusammenkommt, musst du besonders aufpassen, dass dein Hund nicht überfordert wird. Schnell könnte die Situation sonst eine gefährliche Wendung nehmen.

Gerade kleine Welpen haben oft mit dem Zahnen zu kämpfen, aber auch Bauchweh kommt nicht so selten vor, und mit dem Alter entwickeln fast alle Vierbeiner schmerzhafte Gelenkprobleme. Beobachte deinen Liebling gut, und falls du Indizien für Schmerzen bemerkst, suche lieber einmal zu viel tierärztlichen Rat.

AGIEREN STATT REAGIEREN!

Achte stets auf deinen Vierbeiner und handle frühzeitig, wenn er in eine Situation gerät, mit der er ein Problem hat und sich nicht wohlfühlt. Warte nicht ab, bis er die vier Fs zeigen muss oder die Begegnungen eskalieren. Agieren statt Reagieren lautet hier ganz klar die Devise!

Ganz ähnlich würdest du dich vermutlich bei Mitmenschen verhalten, wenn du in einem Raum wärst, in dem eine Spinne ist und jemand Angst davor hat. Sicher würdest du nicht warten, bis die Person anfängt, Panik zu bekommen, sondern würdest darauf eingehen, sobald du das Unwohlsein dieser Person bemerkst.

DEINE KÖRPERSPRACHE RICHTIG EINSETZEN

Musst du dich wie ein Hund verhalten? Natürlich nicht! Dein Vierbeiner weiß, dass du kein Hund bist, und erwartet nicht, dass du ihn zur Begrüßung am Hintern beschnüffelst. Was du aber machen kannst, ist, deine Körpersprache ideal einzusetzen, damit sich dein Welpe wohler fühlt und er leichter versteht, was du von ihm willst.

1. EINLADENDE KÖRPERHALTUNG

Achte darauf, dass du stets eine einladende Körperhaltung hast, wenn du mit deinem Welpen trainierst und agierst. Vermeide unbedingt, dich über den Hund zu beugen, ihn anzustarren oder dich ihm frontal zu nähern. Wie bei uns Menschen wirkt es viel einladender, wenn du dich seitlich zu deinem Vierbeiner positionierst.

2. ANSPANNUNG VERMEIDEN

Hunde reagieren besonders stark auf eine angespannte Körperhaltung. Je entspannter du selbst bist, desto lieber wird dein Welpe in deiner Nähe sein. Insbesondere wenn dein Hund mal nicht kommt, wenn du ihn rufst, oder er sich nicht hinsetzt, wenn du es sagst, kann es sein, dass du angespannter wirst, weil dich die Situation stresst. Das führt dazu, dass dein Vierbeiner dich möglicherweise meidet, sich wegdreht oder sich nicht mehr annähern will. Schließlich signalisierst du ihm, dass du in einem Konflikt stehst. Achte hier also darauf, dass du dich locker machst und auf diese Weise wieder einladender auf deinen Hund wirkst.

3. VORBILD SEIN

Wenn dein Hund aus einer Situation weggehen oder einen Bogen um einen Artgenossen schlagen soll, mach es ihm vor. Gehe bereits ein paar Schritte weg, sodass dein Welpe dir folgen kann. Oft wird es ihm helfen und Orientierung geben.

4. KLARE KÖRPERSPRACHE

Hunde orientieren sich stark an unserer Körpersprache – viel mehr als an unseren Worten! Setze daher klare körpersprachliche Signale ein, wenn du deinen Welpen trainierst. Ich werde dir bei den Übungen weiter hinten im Buch für die meisten Signale eine verbale sowie eine optische, körpersprachliche Variante vorschlagen. Wenn du bei dem jeweiligen Signal stets dieselbe Körperhaltung einnimmst, hilfst du deinem Hund immens zu verstehen, was du von ihm willst.

5. FRAGE UM ERLAUBNIS

Fasse so selten wie möglich deinen vierbeinigen Liebling einfach so an – sei es, weil du ihn hochheben, ihn streicheln oder ihm die Leine am Halsband oder Geschirr befestigen willst. Frage ihn stattdessen um Erlaubnis. Wie du das machst? Ganz einfach: Lass deinen Hund auf dich zukommen. Oder mit anderen Worten: Nicht du gehst auf deinen Hund zu, sondern er kommt zu dir!

Auch wenn das nicht immer möglich ist – manchmal musst du deinen Vierbeiner einfach mal schnell anleinen –, so achte bitte unbedingt darauf, dass du deinem Welpen in entspannten Situationen ein Mitspracherecht gibst, ob er eine Interaktion mag oder nicht. Du wirst merken, dass dies eure Beziehung enorm verbessern wird. Denn wie schon gesagt: Hunde lieben Menschen, die auf ihre Bedürfnisse achten!

2

DIE **ERSTEN TAGE** MIT DEM WELPEN

In diesem Kapitel liest du, wie du dein Hundekind am besten an sein neues Zuhause gewöhnst. Und du erfährst außerdem, womit du in den ersten Tagen und Nächten eures Zusammenseins zu rechnen hast.

DAS ABENTEUER BEGINNT

Für deinen Welpen ist der Umzug in das neue Zuhause eine riesengroße Veränderung in seinem jungen Leben. So zieht er nicht nur in eine vollkommen neue Umgebung, sondern er macht das sogar ganz allein – ohne seine Mutter und ohne seine Wurfgeschwister, mit denen er zuvor mehrere Wochen lang zusammenlebte.

Genauso, wie es Kindern in den ersten Tagen im Kindergarten ohne Mama oder Papa geht, so geht es vermutlich auch deinem Hundekind in dieser Situation. Bereite dich also gut vor und führe den Kleinen behutsam in sein neues Zuhause ein.

DIE ERSTEN STUNDEN IM NEUEN HEIM

Sobald du zu Hause ankommst, solltest du deinem Welpen als Erstes die Möglichkeit geben, sich zu lösen. Bringe ihn, noch bevor du den Wohnbereich betrittst, an die Stelle, an der er sich später auch lösen soll. Das wird sozusagen sein Stammplatz.

Das Ankommen sollte so entspannt wie möglich ablaufen. Am besten setzt du dich im Wohnbereich auf den Boden neben den zukünftigen Ruheplatz des Kleinen und beobachtest ihn. Wenn er Kontakt sucht, kann er jederzeit zu dir kommen und sich an dich kuscheln. Zusätzlich lernt er seinen Ruheort kennen und verknüpft diesen positiv. Achte hierbei unbedingt darauf, dass weder du noch irgendjemand sonst aus deiner Familie den Welpen bedrängt oder mit ihm zwangskuschelt! Das Kuscheln und Kontaktliegen soll lediglich ein Angebot sein und kein Muss!

Stelle deinem Welpen gleich etwas Futter und Wasser zur Verfügung, sodass er seinen Hunger und Durst stillen kann und den neuen Ort positiv verknüpft. Am besten verwendest du dafür sein gewohntes Futter. Zusätzlich legst du ihm eine Kaustange auf seinen Ruheort, so hat er eine Beschäftigung und kann sich in den aufregenden ersten Stunden ein wenig abreagieren.

Am ersten Tag sollte nur die eigene Familie anwesend sein. Auch wenn Besucher vorbeikommen und das neue Familienmitglied begrüßen wollen, sollte dies erst nach ein paar Tagen geschehen. Dein Welpe soll die neue Umgebung als Ruhe- und Entspannungsort kennenlernen. Wenn hingegen vom ersten Tag an Trubel herrscht, kann das dazu führen, dass der Kleine mit hektischem Verhalten reagiert.

Zeige deinem neuen Familienmitglied zunächst den Wohnbereich, wo ihr euch am meisten aufhalten werdet. Dort sollten auch sein Wassernapf stehen und seine Kuscheldecke erreichbar sein. Der Kleine muss am ersten Tag seines Einzugs noch nicht den ganzen Wohnbereich erkunden. Falls du mehrere Räume hast, reicht es anfangs, wenn er den Hauptwohnbereich und den Schlafort kennenlernt. So vermeidest du es, ihn mit den vielen Eindrücken zu überfordern. Ganz wichtig: Bringe ihn ca. alle ein bis zwei Stunden, falls er wach ist, hinaus zu seinem Löseplatz.

Mein Tipp zur Hundebox:

Wenn dein Welpe bereits eine Hundebox kennt, vereinfacht dies die Heimreise enorm. Dafür kannst du dem Züchter oder Vorbesitzer eine Box vorab zukommen lassen, die das Hundekind in seinem gewohnten Umfeld in Ruhe erkunden und kennenlernen kann. Wenn du diese Box beim Abholen des Welpen mitnimmst und im neuen Heim aufstellst, hat der Kleine gleich ein Stück Zuhause, das ihm schon vertraut ist und das du immer und überallhin mitnehmen kannst.

DER WELPE HAT DIE WAHL UND DIE KONTROLLE

Vermutlich kannst du es kaum erwarten, mit dem Kleinen zu kuscheln und ihn zu streicheln. Achte jedoch stets darauf, dass sich dein Hundekind dabei wohlfühlt und diese Interaktion auch möchte. Lass es stets zu dir kommen, denn so kann es sich selbst entscheiden, ob es die Interaktion will oder nicht. Achte unbedingt auch darauf, dass sich jedes Familienmitglied daran hält. Insbesondere Kindern fällt das schwer, sie müssen hier angeleitet und begleitet werden. Das Wunderbare daran ist, dass Kinder auf diese Weise gleich die Wichtigkeit von Konsens kennenlernen.

DIE ERSTEN NÄCHTE – NUR GEMEINSAM

Die wichtigste Regel für die erste Nacht lautet: Dein Welpe schläft nicht allein! Schließlich kennt er nur das gemeinsame Schlafen mit seinen Geschwistern und seiner Mutter. Noch dazu ist alles neu für ihn, er braucht dich also umso mehr, gerade nachts! So schläft dein Hundekind am besten:

Welpen brauchen viel Schlaf, daher zählt ein kuscheliges Hundebettchen zur Grundausstattung für das kleine Hundekind. Am besten steht das Bett in einem ruhigen Bereich der Wohnung, in den sich der Welpe jederzeit zurückziehen und ruhen kann.

- im Bett mit dir – falls du willst, dass er auch in Zukunft bei dir im Bett schläft
- neben deinem Bett in Reichweite, sodass du den Kleinen jederzeit streicheln und trösten kannst
- in einem ruhigen Bereich eurer Wohnung, wobei du eine Matratze neben sein Bettchen legst und somit neben ihm schläfst

Wichtig ist, dass dein Welpe während der Nacht nicht herumwandert und sich womöglich irgendwo löst, wo du es nicht willst. Deswegen ist es unabdingbar, dass er den Schlafbereich nicht verlassen kann. Die Abgrenzung erzielst du entweder mit der Box oder mittels eines Abtrenngitters. Wenn das Hundekind mit dir im Bett schläft, grenze den Bereich vor deinem Bett ab.

ABLAUF DER ERSTEN NACHT

Vor dem Schlafengehen bringst du den Welpen noch einmal an seine Lösestelle. Danach führst oder trägst du ihn direkt zu seinem Schlafplatz, wo du gern mit ihm kuscheln und ihn zum Einschlafen streicheln kannst. Falls du merkst, dass er nur schwer zur Ruhe kommt, lege ihm eine Knabberstange auf seinen Schlafplatz – das hilft ihm, herunterzufahren und zur Ruhe zu finden.

Was tun, wenn der Welpe wach wird? Es ist vollkommen normal, dass Welpen in der Nacht aufwachen. Zum einen muss der Kleine vermutlich aufs Klo, zum anderen muss er sich an den Tagesrhythmus bei dir erst noch gewöhnen. Bringe ihn in dem Fall ruhig, aber zügig an seine Lösestelle und danach sofort wieder zu seinem Schlafplatz. Falls er danach unruhig ist und spielen will, gehe nicht darauf ein. Du kannst ihn streicheln, aber die Nacht sollte nicht zum Tag werden. Was tun, wenn der Welpe anfängt zu weinen? Streichle ihn und biete ihm Körperkontakt an, denn vermutlich vermisst er seine Geschwister und kennt sich nicht aus.

DIE FOLGENDEN NÄCHTE

Diese Schlafroutine solltest du mindestens einige Tage lang beibehalten, bis sich dein Welpe gut eingelebt hat. Mit der Zeit kannst du, falls du nicht dauerhaft neben dem Hund schlafen willst, entweder seinen Schlafplatz jede Nacht immer ein Stückchen weiter wegschieben, oder du wanderst mit deinem Schlafplatz Nacht für Nacht immer weiter weg von deinem Welpen. Dass der Kleine woanders schläft, hat aber absolut keine Priorität. Das Wichtigste für die erste Zeit ist, dass er gut zur Ruhe findet und genug Schlaf bekommt.

DAS RUHEBEDÜRFNIS VON WELPEN

Dein Hundekind lernt gerade die Welt kennen, und dementsprechend prasseln viele Umwelteindrücke auf ihn ein. Neben dem Kennenlernen der Umwelt und dem Erlernen diverser Fertigkeiten sind ausreichend Ruhe und Schlaf während der ersten Lebensmonate essenziell wichtig. Welpen haben ein enormes Schlafbedürfnis. Sie brauchen ungefähr 18 bis 20 Stunden Ruhe pro Tag! Bei erwachsenen Hunden sind es immerhin noch ungefähr 16 bis 18 Stunden. Diese benötigten Ruhephasen laufen natürlich nicht am Stück ab, sondern sind über den Tag verteilt.

Das Problem ist: Wir haben ein anderes Ruhebedürfnis als Hunde, und meist sind wir den ganzen Tag lang aktiv und unterwegs. Für einen Welpen kann es daher eine enorme Herausforderung sein, zur Ruhe zu finden, während die Menschen um ihn herumwuseln. Du musst also sein spezielles Ruhebedürfnis unbedingt berücksichtigen und dafür sorgen, dass dein Welpe zwischendurch genug Schlaf bekommt. Wenn das nicht passiert, führt das nicht zu einem ruhigeren Hund, sondern im

HÖR AUF DEINEN HUND

Fallbeispiel: Linus und aufregende Tage im Büro

Linus lebte in der Stadt mit einem netten jungen Pärchen, das ihn sogar mit in die Arbeit nehmen durfte. Seit er zehn Wochen alt war, ging er täglich 500 Meter zur U-Bahn-Station, fuhr mehrere Stationen im Morgenverkehr, ging danach einige Hundert Meter ins Büro und verbrachte dort den Tag in einem Großraumbüro, wo er von allen Menschen bespaßt wurde. Das Problem war: Linus zog mittlerweile wie verrückt an der Leine, war draußen kaum ansprechbar, und im Großraumbüro hatte er angefangen, Menschen permanent aufzureiten und sich in den Hosenbeinen zu verbeißen.

Linus' Besitzer, der ihn ins Büro mitnahm, schilderte, dass Linus nach dem Nachhausekommen erst mal wie wild durch die Wohnung rannte und auch dort kaum mehr zur Ruhe kam. Linus hatte also immer wahnsinnig aufregende Tage: Er lief täglich mehrere Hundert Meter durch die Großstadt, fuhr mit der U-Bahn und hatte danach mehr oder weniger Dauerbespaßung im Büro ohne den nötigen Ruheausgleich. Das führte schließlich dazu, dass Linus typische Stresszeichen zeigte: schwer zur Ruhe kommen, starkes Verbeißen und Aufreiten.

Es musste also dringend für mehr Schlaf und Ruhe gesorgt werden. Zum Glück war die Chefin von Linus' Herrchen äußerst verständnisvoll und gab ihm ein kleines Zweierbüro, wo wir eine Ruheroutine aufbauen konnten. Das Beißen wurde wesentlich geringer, und das Leineziehen konnten wir dadurch reduzieren, dass Linus nicht mehr schnell durch die Stadt laufen musste, sondern dass Herr und Hund nun ganz langsam in ruhigen Seitengassen zum Büro gingen. Wir konnten Linus' Ruhezeiten Schritt für Schritt erhöhen und kamen nach sechs Wochen immerhin auf 15 Stunden Schlaf pro Tag. Hätte Linus noch länger so einen stressigen Tagesablauf gehabt, hätte sich das Problem immens verschlimmern können.

Ich hoffe, dieses Beispiel verdeutlicht anschaulich, wie wichtig Schlaf sowohl für den Welpen, aber auch für den erwachsenen Hund ist.

Gegenteil – dein Kleiner wird nur noch aktiver! Das Ganze schaukelt sich nicht selten zum Teufelskreis hoch: Der Welpe kommt schwer zur Ruhe, wird dadurch noch aktiver und hat deshalb noch mehr Probleme, einzuschlafen oder sich zwischendurch hinzulegen und auszuruhen.

WENN ES EIN PROBLEM GIBT

Hilfe, mein Welpe ist völlig überdreht und kommt nicht zur Ruhe!

Hier gilt zunächst: Kurze Aktivitätsphasen sind vollkommen normal. Sie werden auch passenderweise »die wilden fünf Minuten« genannt. In solchen Momenten düsen Welpen durch die Wohnung und sind kaum ansprechbar. Wenn es sich dabei um ein paar Minuten handelt, ist das kein Problem. Oft schlafen Welpen danach einfach ein. Hier gilt, so schwer das auch sein mag: Versuche, Ruhe zu bewahren. Oft hilft es schon, wenn du dich dann ganz entspannt hinsetzt und so die Ruhe vorlebst. Zum Problem wird es, wenn diese wilden Phasen länger andauern und dein Hundekind Schwierigkeiten hat, danach zur Ruhe zu finden.

Als weitere Maßnahmen kannst du ruhige Aktivitäten mit deinem Welpen durchführen, beispielsweise Leckerchen-Suchspiele mit ihm machen oder eine »Platz«-Übung mit ihm trainieren. Sobald die Aktivität zu Ende ist, gibst du ihm zum Abschluss eine Kaustange, sodass er sich daran noch abreagieren kann, ohne dabei wild herumzulaufen.

Falls dein Welpe öfters Probleme hat, zur Ruhe zu finden, solltest du deine Tagesroutine überdenken. Junge Hunde überdrehen tendenziell, wenn der Tag zu aufregend war, aber auch wenn sie zu wenig Stimulation erlebt haben. Beobachte zusätzlich deinen Welpen gut, um mögliche gesundheitliche Probleme zu erkennen. Gerade Bauch- oder Zahnweh führen oft zu vermehrter Unruhe.

Fokus auf das erwünschte Verhalten

Lege von Anfang an den Fokus auf das, was dein Welpe richtig macht! Ich weiß, das ist nicht so leicht, schließlich ist ein Hundekind ganz schön anstrengend. Auch dein Welpe wird sicherlich Dinge tun, die du nicht magst. Es gilt jedoch: Je mehr du darauf achtest und deinen kleinen Liebling dafür belohnst, was er richtig macht, desto leichter wird es für ihn, sich in der neuen Welt zurechtzufinden. Zeige ihm, was richtig ist, und belohne ihn entsprechend mit tollen Leckerchen. Das könnte beispielsweise immer der Fall sein, ...

- wenn dein Welpe sich von selbst hinsetzt,
- wenn er an seinen Ruheort geht,
- wenn er im Garten zu dir gelaufen kommt,
- wenn er locker an der Leine geht.

Lobe ihn jedes Mal dafür und belohne ihn entsprechend!

WENN ES EIN PROBLEM GIBT

Hilfe, mein Welpe »bettelt« am Tisch!

Dein Welpe wird vermutlich bemerken, dass du leckere Dinge zu essen hast. Nachdem du ihn fütterst, ist es verständlich, dass er denkt, dass du auch dein Essen mit ihm teilst. Der Hund muss erst lernen, unter welchen Bedingungen du ihm etwas zu fressen gibst und unter welchen nie. Hier gilt: Setze klare Regeln! Wann willst du deinem Welpen auf keinen Fall etwas zu fressen geben? Bei Tisch? Wenn du auf dem Sofa sitzt?

In solchen Situationen gilt von Tag eins an: Gib ihm in diesen Situationen wirklich niemals etwas von deinem Essen ab und achte sehr darauf, dass sich jedes Familienmitglied und jeder Besuch daran hält. Besonders Kinder lassen sich hier gern zu Fütterungsaktionen ihres Kumpels hinreißen.

Versucht dein Welpe, an das Essen zu kommen, sei es durch Anstarren, Bellen oder gar Anhüpfen, so gilt: Ignoriere ihn! Kein Anschauen, kein »Nein«, kein Wegschubsen.

Ich weiß, das ist nicht immer einfach, aber jede Interaktion kann dazu führen, dass dein Hund diese lustig findet oder das Verhalten immer wieder zeigt, allein, um Aufmerksamkeit zu bekommen. Ein gelangweilter Welpe macht nämlich alles, um »Spaß« zu haben – und sei es nur ein kurzes Wegschubsspiel.

Proaktive Maßnahmen

Falls es dem Kleinen sehr schwer fällt, entspannt zu bleiben, während du »da oben« isst, hilf ihm, indem du ihn gleichzeitig beim Essen fütterst, etwa mit einer Kaustange oder dem gefüllten Kong auf seinem Futterplatz. So kann er das unerwünschte Verhalten nicht üben, und es wird zur Gewohnheit, dass er beim Essen auf seinen Platz geht.

Absicherung

Sichere als Zusatzmaßnahme den Essplatz ab. Errichte ein Absperrgitter zwischen Küche und Wohnzimmer, das du beim Essen einfach schließt. Dein Welpe bekommt sein Futter auf der anderen Seite und ist so gut abgesichert. Diese Maßnahme empfehle ich dir, wenn du öfters von einem niedrigeren Tisch isst, wie einem Sofatisch. Hier ist es noch schwerer für deinen Welpen, nichts zu stehlen. Schließlich liegen die Leckereien genau vor seiner Nase!

Keine Sorge, auch hier gilt: Diese Maßnahme ist nicht für immer erforderlich, und du wirst das Gitter irgendwann weglassen können. Mit der Zeit lernt dein Hundekind, dass es nie etwas zu essen bekommt, wenn du deine Mahlzeiten einnimmst, und legt sich entspannt hin.

ZU WENIG RUHE BEGÜNSTIGT VERHALTENSPROBLEME!

Bekommt dein Kleiner nicht genug Schlaf, führt das zu einem Hund, der Probleme hat, zur Ruhe zu finden, mitunter zu Hyperaktivität neigt oder gar stressbedingte Verhaltensauffälligkeiten entwickelt – von Angstproblemen bis hin zu Aggression.

In den ersten Tagen und mitunter Wochen sind die meisten Welpen noch sehr schläfrig und eher ruhig. Vielen von ihnen fällt es noch leicht, zur Ruhe zu finden. Das wird sich aber mit der Zeit ändern. Achte also darauf, dass dein Hundekind, wenn es mit der Zeit älter, mutiger und aktiver ist, zwischendurch genug schläft! Mit verschiedenen Methoden kannst du dem Welpen helfen, zur Ruhe zu kommen:

Wenn du nicht willst, dass dein Hund am Tisch bettelt, sollte er niemals vom Tisch Essen zugesteckt bekommen. Hier hilft nur das Zauberwort »Konsequenz«, dass der Hund kapiert: Am Tisch betteln lohnt sich nicht, denn ich erhalte nichts.

Eine Absicherung mittels mobilem Gitter, das sich bequem und je nach Bedarf aufstellen lässt, ist eine ideale Möglichkeit, den Welpen von den unterschiedlichsten Versuchungen fernzuhalten.

- Achte auf eine stabile Alltagsroutine, in der es klare Aktivitätsphasen, aber auch ebenso klare Ruhephasen gibt.
- Entspanne selbst! Oft kommen Hunde nur deshalb schwer zur Ruhe, weil sie Angst haben, etwas zu verpassen. Falls du das Gefühl hast, dass dein Welpe dir überallhin nachläuft, weil er immer mit von der Partie sein möchte, dann sei ein Vorbild für deinen kleinen Liebling! Setz dich während seiner Ruhephasen ganz entspannt hin und mach einfach mal nichts. Du kannst dabei lesen und natürlich auch gern mit deinem Hundekind kuscheln. Wichtig ist nur, dass du das Nichtstun vorlebst!
- Nutze Entspannungsmusik. Spiele immer zu den Ruhezeiten und wenn dein Welpe schläft, eine entspannende Musik ab. Du wirst vermutlich selbst bald die Wirkung dieser Konditionierung merken: Sobald die Musik läuft, wirst du entspannter, und auch dein Welpe wird diese Reaktion zeigen. Das kannst du dir zunutze machen, wenn dein kleiner Vierbeiner Probleme hat, zur Ruhe zu finden. Spiele in solchen Momenten die Musik ab und hilf dem Hund dadurch, sich zu entspannen.
- Ruhe – Aktion – Ruhe: Achte darauf, dass zwischen Aktivitäten und Spaziergängen jeweils Ruhepausen liegen. Wenn du beispielsweise an einem Tag zur Tierärztin mit deinem Welpen gehst, lass den Rest des Tages entspannt ausklingen und hebe weitere Aktivitäten für den nächsten Tag auf. Denk immer daran: Für dein Hundekind ist ALLES neu und vermutlich aufregend. Gib ihm also genug Zeit, das Erlebte zu verarbeiten!

DIE ERSTEN SPAZIERGÄNGE

Zunächst geht es darum, dass dein Welpe seine neue Umgebung in Ruhe kennenlernt. Nachdem er gerade bei dir eingezogen ist, stellt für ihn vermutlich ein Ausflug im Wohnzimmer genug Abenteuer dar! An den ersten Tagen gilt daher: Draußen soll sich der Kleine lösen lernen und dort entspannt ankommen. Die ersten Male nach draußen zu gehen, hat daher noch wenig mit einem Spaziergang zu tun. Falls du einen Garten hast, genügt es schon, wenn der Welpe diesen an den ersten Tagen erkundet. Falls nicht, ist ein ruhiges Stück Wiese in der Nähe deiner Wohnung, die das Hundekind in seinem Tempo beschnuppern darf, vollkommen ausreichend.

Wenn dein Welpe unterwegs Dinge mit seinem Maul packt, nimm ihm diese nicht einfach weg, sondern tausche sie mit einem ganz besonders feinen Leckerchen. So wird es ihm nicht schwerfallen, seinen »Schatz« herzugeben.

WENN ES EIN PROBLEM GIBT

Hilfe, mein Welpe nimmt alles ins Maul!

Welpen erkunden alles mit ihrem Maul, und insbesondere unterwegs, wo du keine Kontrolle darüber hast, was herumliegt, kann das zum Problem werden. Sind es nur Blätter und harmlose Gegenstände, musst du nicht einschreiten – dein Welpe soll schließlich die Umwelt erkunden dürfen. Doch wenn es sich um gefährliche Gegenstände handelt, wird dieses Verhalten riskant.

Halte deswegen vom ersten Spaziergang an immer tollste Leckerchen bereit, sodass du die Dinge austauschen kannst. Hierfür eignet sich wunderbar das positive Abbruchsignal. Anstatt deinem Welpen das Gefundene einfach aus dem Maul zu reißen, gib ihm stattdessen etwas Tolles!

Ich verstehe, wenn du jetzt denkst, dass du dadurch das Verhalten auch noch »belohnst«. Das Problem ist jedoch: Wenn du dem Hund das Gefundene wegnimmst, wird er womöglich anfangen, seine »Schätze« wegzutragen, zu schlucken oder vor dir zu verteidigen – alles Szenarien, die gefährlich werden können. Tausche also lieber die Schätze ein und belohne den Welpen unterwegs immer wieder mit tollen Leckerchen, wenn er NICHTS ins Maul nimmt. Sieh dir dazu die Übung »Ausgeben lernen« im Praxisteil an (Seite 139).

Hilfe, mein Welpe will nicht spazieren gehen!

Es gibt viele Welpen, die – kaum im neuen Heim eingezogen – zu Beginn nicht weit weg gehen von ihrem Zuhause. In der »Natur« würde sie niemand dazu drängen, sondern sie könnten in ihrem Tempo ihren Wirkungskreis schrittweise erweitern. Nachdem das nicht immer möglich ist, kannst du den Kleinen zu Beginn von Zuhause wegtragen und an einer ruhigen Stelle absetzen, um ihm dort wieder seine Zeit zu geben, die er braucht. Wie schon erwähnt: Es geht noch nicht darum, gleich in den ersten Tagen richtige Spaziergänge zu machen!

BEISSEN, BEISSEN, BEISSEN

So niedlich Welpen sind ... es gibt eine Sache, bei der du dein Hundekind schlagartig nicht mehr so lieb findest: wenn es dich beißt! An und für sich ist dieses Verhalten vollkommen normal und sogar bedeutsam für die gesunde Entwicklung des Welpen. Wichtig ist jedoch, dass du weißt, wie du damit richtig umgehst, denn dieses Beißen wird nicht von selbst besser, sondern kann, wenn du dich falsch verhältst, sogar noch schlimmer werden.

WARUM BEISSEN WELPEN STÄNDIG?

Zunächst klären wir die wichtige Frage, wieso Welpen dieses so lästige Verhalten an den Tag legen. Was bringt sie dazu, dich und deine Familienmitglieder immer wieder ganz schön fest zu zwicken? Die Gründe dafür sind erstaunlich vielfältig.

1. Entdecken der Umwelt: Wie kleine Kinder entdecken auch Welpen ihre Umwelt mit allen Sinnen, aber vor allem mit ihrem Maul. Wir Menschen gehören zu ihrer Umwelt dazu – durch Benagen lernen sie uns kennen.
2. Zum Spielen: Welpen setzen im Spiel hauptsächlich ihr Maul ein. Wenn du deinen Kleinen in der Interaktion mit seinen Wurfgeschwistern beobachtest, wirst du feststellen, dass das Schnappen und Beißen ein normales Spielverhalten darstellt. Dieses Spiel ist äußerst wichtig für die gesunde Entwicklung des Welpen, denn er muss erst lernen, die Kraft seiner Kiefer richtig einzusetzen. Angefangen beim Herumtollen mit seinen Geschwistern, übt er in weiterer Folge seine Beißhemmung im Spiel mit anderen Hunden und bei der Interaktion mit uns Menschen. So lernt er, sein Maul immer gezielter und feiner einzusetzen. Nur durch Ausprobieren findet er heraus: Wie fest beißt man in einen Knochen oder ein Zerrspielzeug? Wie fest kann man in einen langhaarigen Artgenossen beißen, wie fest in einen kurzhaarigen?Und wie sensibel ist dieser Nacktaffe Mensch?

3. Bedürfnis nach Maulstimulation: Generell scheinen Welpen, wie Kinder, das Bedürfnis zu haben, Dinge ins Maul zu nehmen. Es ist also äußerst wichtig, dass dein Hundekind genug Möglichkeiten bekommt, Gegenstände ins Maul zu nehmen und diese zu benagen!
4. Bedürfnis nach Aufmerksamkeit: Ein weiterer Grund, warum dein Welpe dich vermutlich beißen wird, ist, weil er mit dir etwas machen will. Durch Beißen versucht er, ein Spiel zu initiieren – so wie er es mit seinen Wurfgeschwistern vermutlich auch praktiziert hat.
5. Bedürfnis nach Distanz: Möglicherweise will dein Welpe manchmal nicht gestreichelt werden und seine Ruhe haben. Durch Abschnappen will er dir dann vielleicht zeigen, dass er jetzt keine Interaktion mit dir möchte.
6. Zahnen: Welpen haben, wie kleine Kinder, mit dem Zahnen zu kämpfen. Wenn gerade ein Zahnwechsel ansteht, verspüren sie zum einen ein erhöhtes Kaubedürfnis. Zum anderen sind sie durch die Schmerzen oft unleidig und neigen dementsprechend eher zum Beißen.

RICHTIG REAGIEREN, WENN DEIN WELPE BEISST

Es geht nicht einfach nur darum, dem Welpen das Beißen abzugewöhnen, sondern ihn dazu zu bringen, dass er lernt, sein Maul sensibel und angepasst einzusetzen. Hier ist es essenziell wichtig, dass du konsequent erwünschtes Verhalten belohnst – also deinem Hund beispielsweise Aufmerksamkeit, Kaustangen, Spielzeug etc. und somit positives Feedback gibst, wenn er sich richtig verhält. Parallel dazu unterlässt du konsequent jegliche Interaktion mit ihm, wenn er zu fest zubeißt.

WENN DICH DEIN WELPE »AUS DEM NICHTS« ZWICKT

Beißt er zu fest, gib ein prägnantes Geräusch wie »autsch« oder »aua« von dir und bewege dich nicht. Bleib ruhig und schau an die Decke. Schenke dem Hund auf keinen Fall Aufmerksamkeit! Kein Ansprechen und nicht mal einen Blickkontakt!

Wenn dein Welpe aufhört zu beißen, fährst du mit dem fort, was du vor dem Biss getan hast. Zwickt er dich jedoch weiter – womit du gerade zu Beginn rechnen kannst, denn schließlich wird dein Welpe die Bedeutung des Wortes noch nicht kennen –, dann wende dich von ihm ab und gehe in Ruhe, aber zügig weg und, ganz wichtig, bringe dich in Sicherheit in deinem Rückzugsbereich. Achte dabei unbedingt darauf, dass dies nicht zusätzlich noch zu einem Nachlaufspiel wird!

Wenn dein Welpe beißt, wende dich sofort von ihm ab und schenke ihm ab dem Moment keinerlei Aufmerksamkeit mehr.

Suchst du immer konsequent deinen Rückzugsort auf, sobald dein Welpe schnappt, wird sich diese Unart bestimmt bald legen.

Bleib so lange in deinem Rückzugsbereich, bis dein Welpe ruhiger und entspannter wirkt. Das kann einige Sekunden, aber auch ein paar Minuten dauern. Falls du merkst, dass dein Hund in solchen Situationen schwer zur Ruhe findet, lege ihm bekaubare Snacks aus, sodass er sich daran abreagieren kann. Der Kleine lernt hierbei: Wenn er dich beißt, beendest du die Interaktion.

WENN DEIN WELPE IM SPIEL BEISST

Wir neigen oft dazu, viel zu lange wild mit unseren Welpen zu spielen. Die Hunde werden dadurch oft noch wilder und schnappfreudiger. Das führt dazu, dass der Hund vermehrt zum Beißen neigen und kaum mehr auf dich reagieren wird. Achte also darauf, dass du richtig mit deinem Kleinen spielst: aus der Ruhe startend, nicht zu lange und mit kurzen, ruhigen Pausen zwischendurch.

WENN DEIN WELPE SCHNAPPT, SOBALD DU IHN STREICHELST

In diesem Fall streichle den Hund nicht weiter. Er will dir damit einfach nur mitteilen, dass du ihn jetzt nicht anfassen sollst, und das darf er auch. Achte in Zukunft besser auf feinere körpersprachliche Signale, die er dir vorab sendet, und berühre ihn nicht. Es soll schließlich nicht zur Gewohnheit werden, dass er nur mittels Schnappen mit dir kommuniziert. Was du auf keinen Fall tun solltest, ist, deinen Welpen körperlich zu bestrafen, also ihn von dir wegzustoßen oder sonstige Strafen zu erteilen. Das kann nämlich leicht nach hinten losgehen:

- Von manchen Welpen wird diese Aktion nicht als Strafe erkannt, sondern als Spiel interpretiert. Wenn man sich anschaut, wie Welpen miteinander spielen, ist das auch verständlich. Schubsen und Stoßen ist absolut normal im Rangeln der Wurfgeschwister untereinander. In dem Fall machst du es noch schlimmer, denn dein Hundekind spielt dann wahrscheinlich noch wilder mit dir, was wiederum dazu führt, dass es erregter wird und dadurch nur noch vehementer!
- Was auch passieren kann, ist, dass dein Welpe Angst vor dir oder deiner Handbewegung bekommt – und das darf auf keinen Fall passieren. Stell dir vor, du willst den Hund anleinen, und er hat dabei Angst vor dir!

Was die Situation meist verschlimmert, sind Schimpfen und Brüllen. Wenn dein Welpe überdreht ist, wird er vermutlich noch aufgeregter dadurch! Also spar dir die Nerven und bleib stets ruhig, auch wenn das nicht immer leichtfällt!

ACHTUNG BEI KIND UND WELPE!

Gerade Kinder können sich, wenn sie gebissen werden, nicht richtig verhalten. Meistens fangen sie dann an, sich plötzlich hektisch zu bewegen, was der Welpe als lustiges Spiel interpretiert. Das führt oft dazu, dass die Kinder Angst vor dem Hund bekommen, was natürlich auf keinen Fall passieren sollte!

Achte daher darauf, dass dein Kind nie unbeaufsichtigt mit dem Welpen ist, und bringe es rechtzeitig in Sicherheit, wenn du merkst, dass der Hund wilder wird. Hier ist ein getrennter Spielbereich für das Kind unerlässlich, sodass es – trotz Welpen – entspannt spielen kann und der Hund nicht dauernd vor lauter Spaß das Kind beißt. Fördere außerdem viele ruhige Aktivitäten zwischen Kind und Hund.

ACHTE STETS AUF DAS ERREGUNGSNIVEAU

Das Thema Erregung spielt oft eine Rolle beim Beißen. Wenn dein Welpe übermüdet, überfordert oder gar unterfordert ist, neigt er vermehrt zum Schnappen. Achte daher stets auf eine ideale Alltagsroutine. Sollte der Welpe doch einmal wilder und erregter sein, so fördere bereits frühzeitig ruhige Aktivitäten mit ihm. Das allein ist aber noch nicht die Lösung für das Thema Beißen. Achte stets auch auf Folgendes:

- Lege den Fokus auf das richtige Verhalten! Gib deinem Welpen Aufmerksamkeit oder ein Leckerchen oder spiele mit ihm, wenn er ruhig ist. Dadurch lernt er, dass sich das Ruheverhalten lohnt, nicht aber das Zubeißen.
- Biete dem Welpen Alternativen an! Man kann nicht genug herumliegende Spielsachen haben, die der Kleine annagen kann. Zusätzlich sollte er regelmäßig Kaustangen und gefüllte Kongs bekommen – das wirkt wahre Wunder.
- Sei proaktiv! Provoziere das Verhalten nicht, um dann weggehen zu können. Viel besser ist es, vorab dem Welpen eine Alternative anzubieten! Gib ihm eine Kaustange oder mach ein Zerrspiel mit ihm, BEVOR er gebissen hat. Insbesondere das Kauen wirkt außerdem beruhigend und entspannend.

HÖR AUF DEINEN HUND

Fallbeispiel: Paula und das Beißen

Zum Thema Beißen möchte ich von Paula erzählen. Den süßen Beaglemischling bekam ich im Alter von ca. 14 Wochen ins Training. Eines der Hauptprobleme war ihr Beißverhalten. Sie verbiss sich regelmäßig in einem ihrer Menschen, sobald sich diese durch den Raum bewegten. Nachdem die ersten Maßnahmen nicht zu dem erwünschten Erfolg führten, vereinbarte ich ein Training bei Paula zu Hause, um mir ein Bild zu machen. Dort fiel mir auf, dass ihre Menschen zwar jede Menge Spielzeug gekauft hatten, dieses aber in einer Kiste unerreichbar für den Hund war. Paula konnte also nur ab und zu damit spielen und hatte nichts, an dem sie ihr Bedürfnis nach Erkunden und Beißen ausleben konnte – außer ihre Menschen, die immer da waren.

Kurz nachdem wir die Spielsachen im ganzen Wohnzimmer verteilt hatten und ihre Menschen angeleitet worden waren, immer wieder welche wegzuräumen und neue dazuzulegen, wurde ihr Beißverhalten schlagartig besser! Durch zusätzliche Kongfütterungen und den Einsatz toller Kaumaterialien war das Problem tatsächlich innerhalb weniger Tage gelöst.

Dieser Fall zeigt, wie isoliert Welpen in unseren sauberen Wohnungen leben, wo sie oft viel zu wenig Entdeckungsmaterial haben. Stellen wir uns vor, wie ein Hund lebt, der einen Garten hat, in dem er auf Entdeckungstour gehen und Blätter, Erde und Hölzer ins Maul nehmen und bekauen kann, dann wird klar, dass wir viel mehr wohnungstaugliches Material herumliegen lassen sollten.

ALLEIN BLEIBEN

Dem Welpen das Alleinsein beizubringen, ist eine der wichtigsten Übungen, die du mit deinem Kleinen trainieren solltest. Ein Hund, der das nicht lernt, hat massiven Stress, wenn sein Mensch auch nur kurz weggeht, und leidet immens darunter. Das äußert sich in Form von Bellen, Zerstören von Gegenständen bis hin zu exzessivem Koten und Urinieren.

Dein Welpe kennt das Alleinsein noch gar nicht, wenn er bei dir einzieht. Schließlich hat er bis dahin Tag und Nacht mit seinen Geschwistern und seiner Mutter verbracht. Noch dazu ist das Hundekind nun plötzlich in einer ihm unbekannten Umgebung, wodurch es dir gegenüber noch anhänglicher sein wird. Wichtig ist nun, dass du das Alleinsein von Anfang an in kleinsten Schritten aufbaust. Je länger du wartest, desto schwerer wird es deinem Welpen fallen. Deswegen gehört das Alleinseintraining nun zu deiner Alltagsroutine

TRENNUNGSANGST VERMEIDEN

Bevor du mit dem Training beginnst, ist es wichtig sicherzustellen, dass dein Welpe während des Trainingsprozesses niemals in Trennungsangst gerät. Das wirft dich beim Training nämlich nicht nur an den Start zurück, sondern sogar weit dahinter. Viel besser ist es, wenn dein Hundekind keinerlei negative Erfahrungen damit macht und entspannt an das Alleinsein herangeführt wird.

ZUSATZÜBUNG: »WEGGEHEN IST TOLL!«

Damit dein Welpe kein Problem damit hat, wenn du oder jemand anderer aus deiner Familie weggeht, empfehle ich dir folgende Übung: Immer, wenn jemand weggeht, hält die betreuende Person, die beim Welpen bleibt, fantastische Belohnungen bereit, die der Welpe dann bekommt. Beispielsweise könnten das tolle Leckerchen sein, die in der Wohnung versteckt werden, ein gefüllter Kong oder seine Lieblingsknabberstange.

GEWÖHNUNG AN DAS ALLEINSEIN

1. RUHEORT = LIEBLINGSORT

Dein Welpe soll das Alleinsein nicht nur ertragen, sondern er soll lernen, das Ganze mit Entspannung und Wohlbefinden zu verknüpfen. Daher startest du damit, ihm seinen zukünftigen Ruheort zu seinem Lieblingsort zu machen. Der Ruheort kann seine offene Box, eine Ecke im Wohnzimmer, sein Welpenauslauf oder auch ein eigenes Zimmer sein. Ziel ist es, dass der Kleine von sich aus von dir weggeht und diesen tollen Ort aufsucht, weil es sich für ihn viel mehr lohnt, dort zu sein als bei dir. **Wichtig ist, dass du diesen Ort anfangs niemals absperrst. Der Welpe soll den Ort jederzeit verlassen und zu dir kommen können.**

- Verstecke dort immer wieder im Laufe des Tages tolle Leckerchen.
- Binde dort seine Kaustangen oder den Kong fest, sodass der Welpe ihn nicht wegtragen kann.
- Wenn der Hund sich von sich aus von dir wegbewegt und diesen Ort aufsucht, lass eine Superbelohnung dort! Wirf in dem Moment seine absoluten Lieblingsleckerchen hin!

Der erste Schritt ist also, dass der Kleine sich aus eigenen Stücken von dir entfernt!

2. IGNORIERZEIT EINFÜHREN

Damit dein Welpe später problemlos auch längere Zeit allein sein kann, muss er dafür entspannt sein. Die Basis des Trainings ist daher ein entspannter Hund. Führe von Anfang an eine klare Tagesstruktur ein, bei der es Ruhephasen gibt, während derer du deinem Liebling keine Beachtung schenkst. Das klappt am besten nach einem Spaziergang, wenn du weißt, dass dein Welpe satt, entleert und müde ist. Lege ihm nun einen gefüllten Kong oder eine Kaustange auf seinen Ruheplatz und ignoriere ihn ca. eine halbe Stunde lang. Am besten eignet sich dafür Schreibtischarbeit, Fernsehschauen oder die Lektüre eines Buches. Entscheidend ist, dass jeder in deiner Familie den Welpen in dieser Zeit in Ruhe lässt und ihn wirklich ignoriert, sodass der Hund zur Ruhe findet.

Mein Tipp zur Ignorierzeit:

Lass während der Ignorierzeit eine spezielle Musik laufen und schalte diese danach wieder ab. So weiß jedes Familienmitglied: Jetzt ist Ignorierzeit. Für den Welpen ist es ebenfalls ein klares Signal. Zusätzlich kannst du diese Musik immer abends während des Einschlafens laufen lassen. So wird sie mit der Zeit zur Entspannungs- und Einschlafmusik.

3. REIN UND RAUS

Sobald der Welpe gewohnt ist, ENTSPANNT auf seinem Platz zu ruhen, beginnst du damit, dich nun Schritt für Schritt immer wieder von ihm zu entfernen. Wichtig ist, dass dein Welpe entspannt ist, nur so kann er das Alleinsein mit Entspannung verknüpfen!

- Bewegung in der Wohnung: Zu Beginn bewegst du dich kurz, dann immer länger im Zimmer. Wenn das gut klappt, gehst du immer wieder kurz aus dem Raum und kehrst dann wieder zurück. Dieser Schritt kann einige Tage und Wochen dauern.
- Tür auf, Tür zu: Sobald dein Welpe kein Problem damit hat, dass du das Zimmer verlässt, öffnest und schließt du immer wieder die Haustür. So gewöhnt er sich an das Geräusch. Dieser Schritt kann ebenfalls einige Tage und Wochen dauern!
- Zeitdauer ausweiten: Wenn dein Welpe nun entspannt auf seinem Platz bleibt, während du weggehst, kannst du anfangen, die Zeitdauer auszudehnen: also zehn Sekunden rausgehen, dann 30 Sekunden, dann eine Minute, dann zwei Minuten, dann drei usw. Steigere das nun jeden Tag schrittweise und so langsam, dass dein Welpe keinesfalls überfordert wird. Wechsle außerdem immer wieder ab: Manchmal bleibst du etwas länger weg, dann wieder etwas kürzer.

Voraussetzung für das Alleinseintraining ist ein entspannter Hund. Am besten ist er auch schon gut ausgelastet und müde, so geht er bestimmt freiwillig in sein Körbchen. Achte dennoch genau darauf, wie dein Welpe reagiert, wenn du das Zimmer verlässt.

ANFANGS NOCH GUT IM BLICK

Es gibt eine Methode, dein Hundekind bei den ersten Malen, die du es allein lässt, weiterhin im Blick zu behalten: Verwende eine Webcam, sofern du eine hast. Sie lässt sich gerade zu Beginn des Trainings wunderbar nutzen, um den Kleinen zu überwachen. Auf diese Weise kannst du dich davon überzeugen, dass es ihm gut geht, er kein Problem damit hat, allein zu sein, und er weiter entspannt bleibt.

WIE LANGE DAUERT DAS ALLEINSEINTRAINING?

Wie lange es dauert, bis dein Hund allein bleiben kann, ist sehr individuell. Manche Welpen haben kaum ein Problem damit, wenn der Mensch kurz aus dem Zimmer geht, andere folgen dem Menschen auf Schritt und Tritt. Dementsprechend unterschiedlich lange kann das Training dauern. Rechne auf jeden Fall mit einigen Wochen, bis dein Welpe so lange allein bleibt, dass du beispielsweise kurz einkaufen gehen kannst. Bei einigen Hunden dauert das jedoch Monate.

Bereite dich auf dieses Thema also gut vor und stelle sicher, dass dein Welpe stets gut betreut wird, wenn du mal außer Haus musst.

WENN ES EIN PROBLEM GIBT

Häufige Fehler, die du vermeiden solltest

Einfach hinausschleichen
Gehe niemals weg, wenn dein Welpe schläft oder es nicht mitbekommt. Wenn er aufwacht und du nicht da bist, kann das so eine Panik auslösen, dass er fortan Probleme beim Einschlafen hat und dir überallhin folgt.

Den Welpen testen
Lass den Kleinen nicht allein, nur um zu »testen«, wie lange er es aushält. Falls er dabei Angst bekommt, wirft dich das im Training wieder zurück.

Achtung: Hat dein Hund während des Alleinseins traumatisierende Erlebnisse – wenn etwa ausgerechnet zu der Zeit ein Gewitter niedergeht –, kann es passieren, dass er Angst vor den ungewohnten Geräuschen bekommt und dadurch Trennungsangst entwickelt. Schließlich kam das Gewitter, als du nicht da warst. Der Welpe lernt: Wenn mein Mensch weggeht, passieren gefährliche Dinge! Achte daher darauf, dass Derartiges mit deinem Hundekind nicht geschieht!

Auf Besuch oder im Urlaub allein lassen
Gerade in neuen Umgebungen fällt es vielen Hunden schwer, ohne ihre vertrauten Menschen zu sein, selbst wenn das Alleinsein zu Hause problemlos klappt. Nimm deinen Welpen daher im Urlaub stets mit, wenn du weggehst, und lass ihn nicht plötzlich und unvorbereitet im Hotelzimmer zurück.

Vor dem Geschäft anleinen
Lass deinen Hund am besten nie irgendwo angebunden zurück, egal, ob Welpe oder erwachsenen Hund. Das ist für Hunde generell sehr unangenehm – schließlich sind sie so allein auf sich gestellt und können sich nicht wehren oder weggehen, falls ihnen Hunde oder Menschen zu nahe kommen. Insbesondere aber leidet das Alleinseintraining immens darunter, denn in dieser Situation verknüpft dein Vierbeiner das Alleinsein äußerst negativ.

STUBENREINHEIT TRAINIEREN

Welpen kommen in den seltensten Fällen bereits stubenrein in ihr neues Zuhause. Das liegt zum einen daran, dass sie ihre Blase und den Schließmuskel noch nicht voll unter Kontrolle haben, und zum anderen müssen sie erst lernen, wo sich die Lösestelle befindet.

Wie lange dauert es, bis der kleine Hund stubenrein ist? Diese Frage wird sehr oft gestellt, lässt sich aber nicht so einfach beantworten. Die Unterschiede zwischen den Welpen sind einfach zu groß. Manche lösen sich bereits nach einigen Tagen relativ sicher an der richtigen Stelle, andere brauchen dafür Wochen oder mitunter Monate, bis sie komplett sauber sind und ihnen keine »Unfälle« mehr im Haus passieren. Ein wichtiger Faktor dafür sind deine Lebensumstände. Lebst du auf dem Land und hast einen großen Garten, den dein Welpe schnell erreichen kann, ist das Stubenreinheitsthema wesentlich leichter zu bewältigen, als wenn du im zehnten Stock in der Stadt wohnst und vor jedem Spaziergang erst einmal eine längere Reise antreten musst. Schlussendlich spielen hier auch Faktoren eine Rolle, auf die du keinen Einfluss hast – insbesondere die ersten Erfahrungen während der Aufzucht.

DIE RICHTIGEN VORBEREITUNGEN

Bevor du mit dem Stubenreinheitstraining beginnst, solltest du einige wichtige Vorkehrungen treffen, die dir den Trainingserfolg erleichtern. Räume alle Bodenunterlagen weg, die dein Welpe nicht bepinkeln oder bekoten soll. Das ist zum einen wichtig, damit du entspannt bleiben kannst, zum anderen solltest du die Stellen, an denen dein Hund sich löst, gut reinigen können. Uringeruch animiert ihn nämlich, wieder an diese Stelle zu gehen und zu pinkeln. Damit dieser Teufelskreis gar nicht erst entsteht, mach deine Wohnung also stubenreinheitstauglich!

Falls du im zehnten Stock in einer Wohnung lebst und dadurch das Stubenreinheitstraining wesentlich erschwert wird, kannst du über ein Notklo nachdenken. Ein Notklo ist eine Lösestelle, die dein Welpe schnell aufsuchen kann und dadurch zumindest eine fixe Stelle hat, zu der er läuft. Hier empfehle ich beispielsweise ein Stück Rollrasen auf dem Balkon. Am besten informierst du dich in deinem Tierheim oder der Zuchtstätte, auf welchem Untergrund sich dein Welpe dort gelöst hat, sodass du eine entsprechende Unterlage bereitlegen kannst. Dieses Notklo ist allerdings nur für die erste Zeit gedacht und wird, sobald dein Welpe sicherer mit der Stubenreinheit ist, weggeräumt.

STUBENREINHEIT TÄGLICH TRAINIEREN

Suche dir in deiner Umgebung eine ruhige Lösestelle. Das kann dein Garten sein, dein Vorgarten, eine ruhige Ecke in deiner Straße oder in einer lauten Stadt ein Platz im Innenhof. Wichtig ist, dass dieser Platz ruhig ist, sodass sich dein Hundekind dort ungestört lösen kann. Bringe nun deinen Welpen mehrmals am Tag zu dieser Stelle. Zu Beginn geht es nur darum, diese Lösestelle zur Gewohnheit zu machen. Tagsüber suchst du die Stelle alle zwei bis drei Stunden mit deinem Hundekind auf, nachts hingegen halten Welpen etwas länger aus. Da reicht es im Schnitt aus, ein- bis zweimal pro Nacht hinauszugehen.

Wichtig ist es zusätzlich, dass du deinen Welpen immer bei folgenden Aktivitäten hinausbringst:

- nach jedem Schlaf
- nach dem Fressen
- nach dem Spielen
- vor dem Schlafengehen

HINAUSTRAGEN ODER HINAUSGEHEN?

Falls du ein etwas weiteres Stück nach draußen hast, empfehle ich dir, deinen Welpen zu Beginn zu tragen. So können auf dem Weg zur Lösestelle keine »Unfälle« passieren. Besonders falls du in einem Mehrparteienhaus wohnst, empfehle ich dir das. Welpen lieben es nämlich, auf die Türmatten deiner Nachbarn zu pinkeln.

DRAUSSEN LÖSEN ZUR GEWOHNHEIT MACHEN

Sobald du deinen Welpen hinausgebracht hast, gib ihm genug Zeit, sich zu lösen. Manche Welpen brauchen eine Weile, um sich in der neuen Umgebung zu entspannen. Achte außerdem darauf, dass niemand deinen Welpen dabei stört und unterbricht. Insbesondere Welpenfans auf der Straße sollten deinen Hund jetzt nicht ansprechen. Der Kleine muss sich sicher fühlen zum Lösen. Gerade bei ängstlichen Hundekindern ist es deswegen umso wichtiger, dass sie ihre Ruhe haben!

Übrigens lässt sich Pinkeln wunderbar fördern, indem du stets, wenn dein Welpe gerade pinkelt, ein prägnantes Geräusch machst. Beispielsweise könntest du dabei »pipipipi« sagen. Machst du das nun immer wieder, kannst du, wenn dein Welpe Probleme beim Lösen hast, dieses Wort einsetzen.

MELDEN LERNEN

Das eine ist, dass der Welpe lernt, sich draußen zu lösen, das andere ist unser Wunsch, dass er sich meldet, wenn er muss. Leider entspricht es keiner natürlichen Verhaltensweise, dass ein Hund Bescheid gibt, wenn er muss! Kein Hund sagt zum anderen: »Du, ich muss mal aufs Klo.« Anfangs setzen sich die meisten Welpen fast aus dem Nichts hin und lösen sich. Da ist es noch schwierig, Vorboten zu erkennen. Deswegen gilt: Gehe gerade zu Beginn lieber einmal zu viel hinaus als zu wenig.

Mit der Zeit wirst du aber erkennen, wenn dein Welpe ein Druckgefühl hat und sich lösen muss. Das erkennst du daran, dass er am Boden zu schnüffeln beginnt, sich im Kreis dreht oder gar wild herumspringt und hyperaktiv wird.

GUT ZU WISSEN

Nach dem Lösen belohnen?

An und für sich musst du das richtige Lösen nicht noch zusätzlich mit einem Leckerchen belohnen. Bei manchen Welpen führt es aber dazu, dass sie sich schneller zu lösen scheinen, wenn man ihnen danach ein Leckerchen gibt. Du kannst das also gern machen, schaden tut es jedenfalls nicht. Achte jedoch darauf, dass du deinem Kleinen erst dann eine Belohnung gibst, wenn er wirklich fertig ist, sonst unterbrichst du noch sein Pinkeln.

Berücksichtige dabei bitte Folgendes: Falls dein Hundekind gern draußen ist, solltest du nach dem Lösen nicht sofort wieder nach Hause gehen. Es könnte dadurch lernen: Je länger ich mir draußen Zeit lasse mit dem Lösen, desto länger kann ich draußen bleiben. Umgekehrt solltest du, falls dein Welpe ängstlich ist, ihn lieber früher wieder zurückbringen.

»Unfälle« passieren und gehören zum Welpenalltag dazu. Putze diese kleinen Malheure kommentarlos weg und reinige die Stelle gründlich. Teppiche sollten in einem Haushalt mit Welpen am besten vorübergehend entfernt werden.

Schlussendlich entwickelt mit der Zeit jeder Hund seine eigene »Sprache«, mit der er anzeigt, dass er mal muss. Viele Welpen fangen an, zur Haus- oder Gartentür zu laufen, und setzen sich dort hin. Manche fangen zu kratzen oder zu bellen an. Wenn dein Kleiner diese oder ähnliche Verhaltensweisen zeigt, gehe sofort mit ihm nach draußen – schon hat er eine Stimme, dir sein Bedürfnis mitzuteilen.

WAS TUN, WENN DER WELPE IN DIE WOHNUNG MACHT?

Grundregel Nummer 1 beim Stubenreinheitstraining ist: Bestrafe deinen Welpen niemals, wenn ihm drinnen ein kleines oder größeres Malheur passiert! Dies könnte zu den folgenden unerwünschten Verhaltensweisen führen:

- Er bekommt Angst, sich vor dir zu lösen, und macht es heimlich. Irgendwo und mit Sicherheit dort, wo du es überhaupt nicht willst!
- Er bekommt Hemmungen, sich vor dir zu lösen, und macht draußen an der Leine »sein Geschäft« nicht mehr vor dir.
- Er bekommt Angst vor dir.

Das sind alles Dinge, die wir im Zusammenleben mit unserem Hund nicht brauchen. Sei also bitte wie bei einem kleinen Kind geduldig mit deinem vierbeinigen Liebling und zeige ihm, wo er sich stattdessen lösen soll!

KOMMENTARLOS REINIGEN

Wenn das Malheur passiert ist, wischst du die Hinterlassenschaften am besten kommentarlos und gründlich weg. Größere und kleinere »Unfälle« gehören in der Welpenzeit dazu und sind zunächst noch kein Grund zur Sorge.

> **Mein Tipp zum Stubenreinheitstraining:**
> *Führe am besten Buch. Wenn du nach einigen Tagen siehst, dass dein Kleiner immer weniger drinnen macht und immer öfters draußen, ist alles gut. Das Stubenreinheitstraining dauert seine Zeit, und du brauchst viel Geduld, doch es sollte schrittweise besser werden.*

GESUNDHEITLICHE PROBLEME

Falls dein Welpe PLÖTZLICH öfters in die Wohnung macht oder du das Gefühl hast, dass es nicht besser wird, klärst du im Zweifelsfall mit deinem Tierarzt ab, ob ein gesundheitliches Problem vorliegt. Nicht selten ist eine Blasenentzündung der Grund dafür, dass sich die Stubenreinheit verschlechtert. Es gibt aber noch weitere (seltenere) Erkrankungen der Ausscheidungsorgane, die als Ursache infrage kommen.

STOLPERSTEINE

Achte sorgsam darauf, dass dir folgende Fehler nicht passieren:

- Dem Welpen zu wenig Ruhe und Zeit zum Lösen geben: Ein Hundekind muss zum Lösen entspannt sein, und es braucht seine Zeit dafür, da hilft Stress nicht. Je entspannter der Spaziergang, desto besser!
- Zu lange und zu aufregende Gassigänge machen: Manchen Welpen sind die Spaziergänge zu lang oder zu aufregend, und sie können sich vor Anspannung nicht lösen. Das ist der Fall, wenn dein Hund selbst bei einem längeren Ausflug nicht aufs Klo geht, sich aber löst, sobald du wieder zu Hause bist. In diesem Fall weißt du, dass du auf dem Spaziergang für mehr Ruhe sorgen und möglicherweise nicht so weit gehen solltest.

UNTERWEGS MIT DEM WELPEN

Dieses Kapitel ist vermutlich das wichtigste in diesem Buch. Hier geht es darum, wie du dein Hundekind richtig sozialisierst und an die Umwelt gewöhnst. Dabei handelt es sich um DIE Maßnahme schlechthin, um Verhaltensproblemen wie Angst oder Aggressionsproblemen vorzubeugen.

Dein Welpe muss nicht perfekt »Sitz« oder »Platz« können, im Grunde muss er es gar nicht können, wenn du das nicht willst. Ein absolutes MUSS für jeden Hund ist jedoch eine gute Umweltgewöhnung, sodass sich dein Liebling im Alltag wohlfühlt und dadurch sicher und souverän unterschiedliche Situationen meistern kann.

WAS MACHT EINEN GUTEN SPAZIERGANG AUS?

Die täglichen Gassirunden mit deinem Hund erfüllen nicht nur den Sinn und Zweck, dass er sich die Beine vertreten und »sein Geschäft« erledigen kann. Gerade für einen Welpen geht es bei diesen Spaziergängen um so viel mehr. Das kleine Hundekind soll dich auf den Ausflügen nicht nur als verlässliche Person kennenlernen, sondern vor allem auch positive Erfahrungen mit der Umwelt sammeln und sich an die unterschiedlichsten Alltagssituationen gewöhnen.

Um die Spaziergänge abwechslungsreich und welpengerecht zu gestalten, benötigst du ein gewisses Maß an Ausrüstung:

- eine vollgepackte Leckerchentasche mit Stufe-2- bis Stufe-3-Leckerchen
- Kotbeutel
- eine Leine, die mindestens drei Meter lang ist
- ein Brustgeschirr
- Nice to have:
    - Wasserflasche für unterwegs
    - Spielzeug
    - eine Decke

DIE UMWELT SCHRITT FÜR SCHRITT KENNENLERNEN

Wie erkunden Hundekinder ihre Umwelt auf natürliche Weise? Sie gehen nicht einfach so spazieren. Sie erforschen ihr Umfeld Schritt für Schritt und erweitern ihr Betätigungsfeld jeden Tag etwas mehr. Anfangs noch in sehr kleinem Rahmen, ziehen Welpen ihre Entdeckungskreise immer weiter. Dabei ist es wichtig, dass sie sich jeweils mit der Umwelt vertraut machen, bis sie sich sicher fühlen, um dann den Radius allmählich zu vergrößern. Spaziergänge mit Welpen sollten deswegen keine Märsche sein. Man kann sie, genau genommen, nicht mal als SpazierGÄNGE bezeichnen. Ein korrekt absolvierter Welpenspaziergang sollte einfach eine entspannte, schöne Zeit an der frischen Luft sein. Ob du dabei fünf Meter weit kommst oder 100 Meter, spielt überhaupt keine Rolle. Die wichtigste Vorgabe dabei ist, dass dein Hund die Welt IN SEINEM TEMPO kennenlernen konnte!

Mir ist bewusst, dass dies oft nicht der Vorstellung entspricht, die wir haben, wenn wir an einen Gassigang mit dem Hund denken. Vielmehr stellen wir uns eher eine gewisse Strecke vor, die wir gehen wollen. Dabei vergessen wir aber, dass wir es nicht mit einem ausgewachsenen Hund zu tun haben, sondern mit einem Welpen, für den alles neu ist! Noch dazu hat ein Hundekind sehr kurze Beinchen!

Welpen machen auf dem Spaziergang oft Pausen und setzen sich hin, um die Umwelt zu beobachten. Das ist auch gut so, und das solltest du nach Möglichkeit zulassen.

GUT ZU WISSEN

Regeln für unterwegs

Bevor du mit deinem Kleinen die ersten Spaziergänge bezwingst, gibt es ein paar Regeln, die ich dir ans Herz legen möchte. So vermeidest du Fehler von vornherein.

Hundekinder sind wahre Magneten. Schütze den Kleinen aber vor allzu übergriffigen Welpenfans.

Die Grenzen deines Welpen schützen

Du wirst bald merken: Ein Welpe ist ein Menschenmagnet, und das ist absolut verständlich. Die meisten Passanten werden vermutlich instinktiv das Hundekind ansprechen und den Arm ausstrecken, um es zu streicheln, ohne dabei auf sein Wohlbefinden zu achten.

Hier bist du nun gefordert, die Grenzen deines Hundes zu schützen. Zum einen kann das bei ängstlichen Welpen dazu führen, dass sie noch mehr Angst bekommen, wenn sie ungefragt angesprochen oder angefasst werden. Zum anderen führen diese Annäherungen bei kontaktfreudigen Welpen dazu, dass sie beim Anblick von Menschen noch aufgeregter werden.

Also: Stoppe die Welpenfans freundlich, aber bestimmt! Dein Welpe wird dir dafür dankbar sein, wenn er lernt, dass du seine Grenzen schützt!

Nicht zu anderen Hunden hinlaufen lassen

Diese Regel ist eine der wichtigsten beim Gassigang! Vermutlich freust du dich darauf, andere Menschen und ihre Hunde kennenzulernen. Doch beachte dabei folgende wichtige Regel: Sprich immer mit der anderen Person ab, ob sie auch möchte, dass sich eure Hunde kennenlernen. Beobachte die Vierbeiner dabei, ob auch sie diesen Kontakt wollen. Es ist nämlich ganz normal, dass sich nicht alle Hunde mögen. Manche hatten vielleicht schon unangenehme Erfahrungen mit Artgenossen und ängstigen sich vor ihnen oder reagieren aggressiv. Manche Hunde sind krank und haben Schmerzen – sie wollen ganz bestimmt keinen ungestümen Welpen, der sie wild begrüßt. Wieder andere mögen einfach nicht jedem fremden Hund unterwegs »Hallo« sagen.

Es gibt also viele Gründe, warum du deinen Welpen nie ungefragt zu einem Artgenossen hinlaufen lassen solltest. Der andere Mensch wird dir sehr dankbar sein, wenn du ihm so hilfst, seinen Spaziergang stressfrei fortzuführen.

RICHTIG SPAZIEREN GEHEN

1. IN RUHE STARTEN

Achte von Anfang an darauf, dass euer Spaziergang nicht gleich mit Action startet, sondern mit Entspannung. Gerade der Start macht so viel aus! Suche dir am besten einen ruhigen Platz zum Starten und lass deinen Welpen zu Beginn eures Ausflugs erst einmal in Ruhe schnüffeln. Bleib also stehen und gehe nicht gleich weiter. Insbesondere Welpen brauchen etwas Zeit, zunächst draußen »anzukommen«.

2. ERKUNDEN LASSEN

Ziel der Spaziergänge ist primär das Kennenlernen der Umgebung. Es geht also noch nicht darum, großartig Strecke zu machen. Lass deinen Welpen in seinem ganz eigenen Tempo sein Umfeld erkunden.

3. HINSETZEN ERMÖGLICHEN

Dieses Verhalten zeigen Welpen beim Spaziergang recht oft: Dein Hundekind wird sich vermutlich oft hinsetzen und einfach die Umgebung beobachten. Lass es in so einem Moment einfach sitzen und die Umwelt auf sich wirken. Kleine Hunde brauchen einfach ihre Zeit, um die vielen Reize, die auf sie einprasseln, zu verarbeiten. Zerre oder locke deinen Welpen in so einem Moment nicht weiter, sondern bleib mit ihm stehen und warte, bis er von sich aus weitergeht. Keine Sorge, der Kleine wird von Tag zu Tag immer weitere Strecken gehen und sich irgendwann nicht mehr hinsetzen. Genieße diese Zeit, denn du wirst dich vermutlich irgendwann nach diesen entspannten Momenten zurücksehnen.

4. MACH DICH SPANNEND!

Die Umwelt ist wahnsinnig spannend für deinen Welpen, und der Spaziergang sollte ihm primär die Möglichkeit bieten, die Umgebung kennenzulernen. Dabei sollte dein Hund aber ebenso lernen, dass auch DU draußen spannend bist. Schließlich solltest du nicht nur eine langweilige Spaßbremse am anderen Ende der Leine sein, die seine Häufchen aufhebt. Ganz im Gegenteil: DU hast die tollsten Dinge dabei, belohnst deinen Welpen regelmäßig und lässt dir immer wieder großartige Aktivitäten einfallen – gleich vom allerersten Spaziergang an!

5. RUHEINSELN AUFSUCHEN

Mit der Zeit wirst du immer längere Spaziergänge mit deinem Welpen unternehmen können. Wichtig dabei ist jedoch immer noch: Der Weg ist das Ziel! Gerade wenn du schon länger mit deinem Kleinen gehst, solltest du immer wieder Momente der Entspannung einbauen. Nimm dafür eine Decke und eine Kaustange mit. Suche dir nun auf dem Spaziergang eine ruhige Ecke, an der du die Decke auf den Boden legen kannst. Biete deinem Welpen dort eine Kaustange an, sodass er sich hinlegt und seine Knabberei genießt. Alternativ kannst du mit ihm auf dieser Decke auch eine »Platz«-Übung machen. Ziel ist, dass dein Hundekind sich zwischendurch entspannt und die Umgebung in aller Ruhe beobachten kann.

6. WIE GEHT ES DEINEM HUND?

Behalte deinen Welpen stets im Blick und beobachte seine Körpersprache sehr genau. Wichtig ist, dass du merkst, wenn es zu viel für ihn wird und er eine Pause braucht oder es besser wäre, mit ihm nach Hause zu gehen. Dabei solltest du ganz besonders auf seine Körperspannung achten. Ist dein Welpe

entspannt – geht er also locker an der Leine, schnüffelt viel, geht kurvig und zeigt eine entspannte Körperhaltung –, ist alles okay. Wenn der Kleine jedoch angespannt wird, einfriert, nicht mehr weitergehen will und nur noch sitzt, wenn er vermehrt Körperkontakt zu dir sucht, er hektischer wird oder gar anfängt, an dir hochzuspringen oder in die Leine zu beißen, dann ist es vermutlich Zeit für eine Pause. Dies sind Anzeichen dafür, dass dein Hundekind überfordert oder überdreht ist. Möglicherweise hat es auch Angst vor einer Situation. In diesem Fall locke den Kleinen aus dieser beängstigenden Situation heraus und lass ihn weggehen.

7. SEI DER SICHERE HAFEN FÜR DEINEN WELPEN

Wenn dein Hundekind zu dir kommt und Körperkontakt sucht, gib ihm diesen stets. Falls es sich gar hinter dir versteckt, ist es wichtig, dass du ihm diesen Schutz gewährst. Der Kleine soll lernen: Falls ich Angst habe oder gestresst bin, kann ich mich jederzeit an meinen Menschen wenden. Dort fühle ich mich immer sicher und geborgen. Dies führt dazu, dass dein Welpe eine Notfalllösung für schwierige Situationen bekommt – und zwar zu dir laufen! Stell dir beispielsweise vor, dein Hund erschrickt beim Spaziergang vor einem lauten Geräusch. Hat er gelernt, in so einem Fall zu dir zu laufen, weil du ihm hilfst, ist das viel sicherer, als wenn er einfach nur panisch davonstürmt.

Gib deinem Welpen Zeit, die Situation in seinem Tempo kennenzulernen, und weiche gegebenenfalls einfach aus. So lernt er nicht nur, dir zu vertrauen, sondern auch, dass er weggehen darf, wenn er Angst hat. Das führt zu einem alltagssicheren Hund. Denn ein Vierbeiner, der gelernt hat, auszuweichen und wegzugehen, wird viel weniger aus Angst zubeißen als ein Hund, der oft in Situationen gedrängt wurde, in denen er unsicher war.

Selbstverständlich darfst du auf euren Spaziergängen deinen Welpen die Richtung bestimmen lassen. Schließlich weiß nur er, wo die wirklich spannenden Gerüche zu finden sind.

WER BESTIMMT DIE RICHTUNG?

Eine der meistgestellten Fragen von Hundehaltenden ist: Wer hat eigentlich das »Sagen« beim Spazierengehen? Diese Frage lässt sich so beantworten: Du hast auf dem Spaziergang die Verantwortung für deinen Hund, vor allem auch gegenüber Passanten. Du musst also dafür sorgen, dass dein Vierbeiner niemanden stört oder in Gefahr bringt und dass deinem Welpen nichts passiert. Hier wirst du also dein Hundekind immer wieder anleiten und ihm zeigen müssen, wohin ihr geht. Der Kleine ist schließlich fremd in dieser Menschenwelt und wird viele Gefahrensituationen überhaupt nicht einschätzen können.

Was du aber nicht vergessen solltest: Der Spaziergang ist primär für deinen Hund gedacht, nicht für dich! Das heißt, dein Hund sollte in seinem Tempo schnüffeln, dorthin gehen, wo er es spannend findet, und den Dingen nachgehen dürfen, die ein Hund eben gern mag. Lass ihn also ruhig die Richtung vorgeben, in die er gehen mag, und ihn überall schnüffeln, wo er mag! Das ist natürlich nicht immer möglich, aber dort, wo es geht, sollte dein Hund ein Mitspracherecht bekommen!

Mein Tipp zum Mitspracherecht des Hundes:

Ein gewisses Maß an Selbstbestimmung gehört zu den Grundbedürfnissen eines jeden Tieres, und so gilt: Je besser die Grundbedürfnisse erfüllt werden, desto entspannter und zufriedener ist das Tier. Deinem Hund so viel Freiheiten wie möglich zu geben, ist also auch eine Maßnahme, um Verhaltensproblemen vorzubeugen.

BEGEGNUNGEN MIT MENSCHEN

Damit sich dein Welpe bei Begegnungen mit Menschen wohlfühlt und korrekt verhält, ist die richtige Heranführung an Menschen enorm wichtig. Die ersten Erfahrungen sind die prägendsten, also bereite dich gut vor und unterstütze den Kleinen.

GEWÖHNUNG AN FREMDE MENSCHEN

Die wichtigste Erfahrung unterwegs ist das Ignorieren anderer Menschen – egal, ob Erwachsene, Kinder oder Personen auf Rollern, Rädern oder Skateboards. Du willst schließlich später einfach spazieren gehen können, ohne dass dein Hund zu jedem Menschen auf der Straße hinläuft oder gar Angst vor ihnen hat. Das klingt so einfach. Mit einem Welpen an der Leine kann das aber zur Herausforderung werden.

Am besten klappt diese Gewöhnung an Menschen an Orten, an denen du genug Abstand zu Spaziergängern halten kannst, beispielsweise in einem Park auf einer großen Wiese. Hier sieht dein Welpe verschiedenste Menschen, hat aber genug Distanz zu ihnen, sodass keine Interaktionen stattfinden. Falls du sehr städtisch lebst, trage dein Hundekind einfach in den nächsten Park oder an den nächstgelegenen ruhigeren Platz und setze es an einer geeigneten Stelle ab.

Wichtig ist, dass du den richtigen Abstand findest. Beobachte die Körpersprache deines Welpen. Wenn er entspannt schnuppert und sich der Umwelt widmet, hast du den richtigen Abstand. Falls er jedoch angespannt oder aufgeregt ist, solltest du den Abstand vergrößern. Mit der Zeit kannst du dich mit deinem Welpen anderen Menschen immer mehr annähern. Du wirst sehen, dass dein Hund von Tag zu Tag immer entspannter wird und du immer näher an die Menschen herangehen kannst. Hier gilt: Lieber in kleinen Schritten vorgehen als eine zu schnelle Annäherung riskieren, auf die dein Kleiner aufgeregt oder gar ängstlich reagiert.

ENTSPANNT AN MENSCHEN VORBEIGEHEN

Falls dein Welpe an den Passanten entspannt vorbeigeht und sie ignoriert, musst du gar nichts tun. In diesem Fall macht er genau das, was er lernen soll, ganz von selbst. Falls er jedoch tendenziell aufgeregt reagiert, auf die Personen zusteuert oder gar bellt, solltest du einen Bogen um die Menschen gehen. Nimm dazu ein Leckerchen in die Hand und locke deinen Welpen in etwas Abstand an den Passanten vorbei. So lernt dein Welpe erstens, einen Bogen um Menschen zu machen, und verknüpft zweitens die Situation positiv, weil er ein tolles Leckerchen bekommt.

1. Wenn ihr auf eurem Spaziergang vorbeigehenden Personen begegnet, dann zeigst du deinem Welpen zunächst ein tolles Leckerchen.

2. Anschließend lockst du mithilfe dieses Leckerchens dein Hundekind in einem Bogen an der Person vorbei.

Mein Tipp zur Gewöhnung des Welpen an Menschen:
Bitte die Menschen, die du triffst, dir zu helfen. Auch wenn es schön ist, dass die meisten Leute sehr positiv auf den Anblick eines Welpen reagieren, können nicht alle das Hundekind begrüßen. Erkläre dies den Personen, denen du begegnest, und bedanke dich dafür, dass sie den Welpen nicht ungefragt anlocken.

MENSCHEN RICHTIG BEGRÜSSEN

Dein Welpe darf natürlich den einen oder anderen Menschen unterwegs begrüßen – vorausgesetzt, er will das auch. Wichtig hierbei sind folgende Regeln:

1. Locke den Hund erst zu dir und belohne ihn. Falls dein Welpe bereits ein »Sitz« kennt, locke ihn in die Sitzposition. Hier gibst du ihm nun einige Leckerchen. Dein Kleiner soll dabei lernen, erst einmal zu dir zu kommen und andere Menschen nicht von sich aus anzusteuern und zu begrüßen.
2. Sobald dein Welpe ruhig und entspannt neben dir ist, kannst du ihm mittels einer einladenden Handgeste signalisieren, dass er die Person begrüßen darf, wenn er möchte.
3. Wichtig ist: ER geht zu der Person, nicht die Person zu ihm!
4. Damit die Person den Welpen nicht bedrängt, bitte sie, in die Hocke zu gehen oder sich hinzuknien. So kann sie sich nicht auf den Hund zubewegen, und dieser kann selbst entscheiden, ob er »Hallo« sagen will. Insbesondere sollte die Person nicht auf den Kleinen zugehen und die Hand »zum Schnüffeln lassen« ausstrecken. Das kann einen ängstlichen Welpen verunsichern.
5. Merkst du, dass dein Hundekind unsicher wird, locke es von der Person weg. Es ist äußerst wichtig, dass es lernt, im Zweifelsfall zurückzuweichen.
6. Falls dein Welpe keinen Kontakt haben will, solltest du ihn nicht drängen oder locken. Es ist völlig in Ordnung, wenn er sich der Person nicht annähern will. Das sollte unbedingt respektiert werden. Belohne deinen Hund in so einer Situation mit einem tollen Leckerchen, sodass er die Situation positiv verknüpft, und gehe mit ihm weiter.
7. Keine Begrüßung am Arm! Wenn du deinen Welpen trägst, hat der Kleine keine Möglichkeit, sein »Okay« zu geben, wenn ihn jemand streichelt. Daher empfehle ich, am Arm keine Begrüßungen zuzulassen.

1. Wenn du deinem Welpen richtig feine Leckerchen gibst, wird der andere Mensch weniger spannend für ihn sein.

2. Achte darauf, dass stets der Hund auf den Menschen zugeht und selbst entscheidet, ob er die Interaktion auch will.

3. Wenn du bemerkst, dass deinem Hundekind die Begegnung mit einem fremden Menschen zu viel wird, dann lockst du ihn mit einem Leckerchen aus der Situation. Der Kleine soll lernen, dass es völlig in Ordnung ist, einfach wegzugehen.

8. Das Begrüßen von Menschen sollte außerdem nicht zu oft passieren. Dein Welpe sollte lernen, an den meisten Menschen vorbeizugehen und ihnen keine Beachtung zu schenken, auch wenn es dir vielleicht schwerfällt und es natürlich schön ist, neue Menschen mit dem Kleinen kennenzulernen. Aber du wirst dankbar sein, wenn dein Hund als ausgewachsener Vierbeiner nicht jeden Menschen als potenziellen Freund anvisiert.

SICH SCHNELL BEWEGENDE MENSCHEN

Insbesondere Menschen, die sich auf unterschiedlichen Gefährten schnell bewegen, sind für viele Welpen eine Herausforderung. Manche Hundekinder haben Angst davor, und andere würden am liebsten mitlaufen oder ein lustiges Jagdspiel starten. In allen Fällen gilt: Dein Welpe sollte sich schrittweise daran gewöhnen, und vorbeiflitzende Menschen sollte er genauso ignorieren wie andere Passanten auch.

Beginne zunächst wieder aus der Distanz. Suche dir also eine günstige Stelle, von der aus dein Welpe vorbeifahrende Menschen auf Rädern, Rollern und Skate-

Menschen, die sich auf schnellen Fahrgeräten wie Rädern oder Skateboards bewegen, können auf dein Hundekind ganz schön einschüchternd wirken. Dein Welpe sollte daher vorbeifahrende Menschen ganz entspannt kennenlernen können.

boards in Ruhe beobachten kann, aber so weit von diesen entfernt ist, dass dies ganz entspannt geschieht. Lass deinen Welpen schnüffeln, trainiere mit ihm währenddessen ein Signal wie »Sitz« oder »Platz« oder gib ihm eine Kaustange, an der er nagen kann. Dein Hundekind soll die Menschen auf ihren Fahrgeräten zwar sehen, diese sollten von ihm aber mehr oder weniger ausgeblendet werden.

Mit der Zeit näherst du dich immer mehr an. Das muss nicht schon am ersten Tag geschehen, sondern kann, je nach Welpe, einige Tage oder Wochen dauern. Wichtig ist, dass dein kleiner Vierbeiner diese Situationen kennenlernt und dabei völlig entspannt ist. Was du, so gut es geht, vermeiden solltest, sind plötzlich auftauchende, erschreckende Situationen. Gehe daher vorausschauend spazieren. Falls du einen Radfahrer auf euch zukommen siehst, der deinen Welpen erschrecken könnte, weiche, wenn möglich, frühzeitig aus.

WENN ES EIN PROBLEM GIBT

Hilfe, mein Welpe will auf der Straße zu jedem Menschen hin!

Schön, wenn du so einen aufgeschlossenen Welpen hast. Wie du aber schnell merken wirst, ist zu viel Offenheit mitunter ein Problem beim Spazierengehen. Mit so einem Welpen kommst du kaum an anderen Menschen vorbei. Eine zusätzliche Schwierigkeit dabei ist, dass die anderen Menschen meistens äußerst freudig auf deinen Hund reagieren werden. Das Verhalten wird also durch die Zuwendung der Passanten ständig verstärkt.

Damit du den Teufelskreis durchbrichst, halte stets beste Leckerchen bereit, die du deinem kleinen Vierbeiner immer dann gibst, wenn du auf andere Leute triffst. Dein Hund soll auf diese Weise lernen: Du bist viel toller als all die fremden Personen! Zusätzlich weiche zu Beginn anderen Menschen etwas aus, sodass es gar nicht erst zu Begegnungen kommen kann.

Mein Tipp: Achte vom ersten Spaziergang an darauf, dass du mit deinem Hund kaum andere Menschen ansteuerst. Ich weiß, das ist schwierig, schließlich will man sein neues Familienmitglied der Welt so gern vorstellen! Halte dich dabei jedoch an die oben beschriebenen Verhaltensregeln, und du wirst dieses Problem erst gar nicht bekommen!

KINDER UND HUNDE

Kinder verhalten sich ganz anders als Erwachsene – und das merken Hunde schnell. Sie schreien, laufen wild herum, machen unberechenbare Bewegungen und gehen mit den Vierbeinern oft etwas unbeholfen um. Kein Wunder also, dass es gar nicht so wenige Hunde gibt, die Probleme mit Kindern haben – sei es, dass sie ängstlich auf sie reagieren oder dass laufende, springende Kinder bei ihnen eine Art Jagdverhalten auslösen. Beides sollte im besten Falle nicht passieren. Um diesen Problemen vorzubeugen, sollte dein Welpe von Anfang an in der richtigen Weise an Kinder herangeführt werden.

KINDER AUF DISTANZ

Falls du keine Kinder in deinem Bekanntenkreis hast, praktizierst du am besten diese Art des Kennenlernens: auf Distanz. So gewöhnst du deinen Welpen zumindest aus einer gewissen Entfernung an schreiende, tobende Kinder. Hierfür suchst du dir am besten eine Spielwiese oder einen Spielplatz aus, bei dem rundherum genug Platz ist. Stelle dich nun mit deinem Hundekind in weiter Entfernung hin und lass es von dort die Kinder beobachten, während du mit ihm ganz normal dort Zeit verbringst. Lass deinen Welpen schnüffeln, gib ihm immer wieder tolle Leckerchen oder eine Kaustange. Der Hund soll sich dabei pudelwohl fühlen und diese »komischen« kleinen Menschen aus der Entfernung beobachten können. Suche diesen Ort nun immer wieder auf und lass deinen Welpen immer näher an die Kinder herangehen. Achte dabei aber stets darauf, dass dein Hund nicht erschreckt wird, beispielsweise durch Kinder, die auf ihn zurennen.

RICHTIG STREICHELN – KONSENS LERNEN

Wenn das Kind und der Welpe Nahkontakt haben wollen, ist es wichtig, dass du diese Begegnung richtig anleitest und dem Kind zeigst, wie es erkennt, ob der Welpe den Kontakt ebenfalls möchte. Das Kind soll hier lernen: Der kleine Hund wird nur gestreichelt, wenn er es auch möchte, und stets nur so, dass es für ihn angenehm ist.

Achtung: Falls dein Welpe signalisiert, dass er keinen Kontakt haben will, dann dränge ihn nie dazu – auch wenn es nicht so leicht ist, einem Kind sagen zu müssen, dass der Hund jetzt nicht begrüßt werden möchte. Langfristig sollte dein Hund völlig entspannt bei Kindern sein, und das ist nur möglich, wenn er sich stets in ihrer Anwesenheit wohlgefühlt hat. Druck und Zwang helfen dabei nicht.

Wenn dein Welpe das Kind nicht begrüßen will, ist es wichtig, das zu respektieren. Kinder können das Verhalten des Hundes vielleicht nicht so einfach begreifen. Hier helfen einfühlende Worte und verständliche Erklärungen.

PET-PET-PAUSE

Es gibt eine schöne Regel, die du dem Kind zeigen könntest: Sie heißt Pet-Pet-Pause und bedeutet, dass das Kind den Welpen zweimal streicheln darf und danach Hand und Arm zurücknimmt. Jetzt soll das Kind den Hund beobachten: Will er weitergestreichelt werden, wird er das durch Anstupsen, Anlehnen oder eine Pfotenbewegung signalisieren. In dem Fall darf das Kind den Welpen wieder streicheln. Zeigt er hingegen keine Reaktion und bleibt ganz ruhig oder geht gar weg, ist das ein Zeichen, dass er keinen Kontakt mehr möchte. Lass den Hund in dem Fall einfach weggehen.

RÜCKZUGSBEREICH RESPEKTIEREN

Achte darauf, dass dein Welpe einen Rückzugsbereich hat, den er aufsuchen kann, falls ihm die Interaktion mit dem Kind zu viel wird. Zu Hause ist das sein Ruheort, unterwegs bist das du! Falls der Hund zu dir kommt oder zu Hause seinen Ruheort aufsucht, bremse das Kind und erkläre ihm, dass der Hund nun eine Pause braucht.

GUT ZU WISSEN

Interaktionen mit Kindern

Kind und Welpe sollten sich auf sanfte Art kennenlernen können.

Egal, ob du unterwegs auf Kinder triffst oder sie bei dir auf Besuch sind und den Welpen kennenlernen wollen: Nütze diese wertvollen Momente für Kind und Hund und biete dem Welpen die Möglichkeit, positive Erfahrungen mit Kindern zu sammeln. In solchen Situationen bin ich ein großer Fan davon, indirekte Aktivitäten zu fördern, insbesondere bei unerfahrenen, schüchternen oder sehr wilden Kindern und Welpen. Das bedeutet, dass sowohl der Hund als auch das Kind Spaß aus sicherer Distanz haben, ohne dass es zu wild wird oder Kind oder Hund überfordert werden.

Leckerchen auf dem Boden
Anstatt den Welpen zu streicheln, drückst du dem Kind Leckerchen in die Hand, die es vor sich auf den Boden legt, wo sie der Welpe fressen darf. Wiederhole dieses Spiel einige Male. Mit der Zeit trauen sich viele Kinder, dem Hund ein Leckerchen in der Hand hinzuhalten.

Osterhase spielen
Lass das Kind Leckerchen im Gras oder in der Wohnung verstecken und den Hund danach suchen. Das Kind kann dem Welpen so aus sicherer Distanz zusehen, wie er seine Häppchen findet. Dieses Spiel kann mehrere Male hintereinander erfolgen. Mit der Zeit geht das Kind mit dem Welpen die verschiedenen Verstecke ab und zeigt dem Welpen, wo die Leckerchen versteckt sind.

Geschenk für den Welpen
Eine tolle Möglichkeit, besonders schüchterne Kinder mit Hunden vertraut zu machen, ist diese: Du stellst dem Kind tolle Leckerchen, eine Schachtel und Zeitungspapier zur Verfügung. Damit bastelt das Kind dem Hund nun eine Entdeckerbox: Es wickelt jeweils ein Leckerchen in Zeitungspapier und legt dieses in die Box, bis sie voll ist. Danach wird das Paket schön verpackt und mit Buntstiften dekoriert. Wenn das Kind damit fertig ist, wird das Geschenk dem Welpen feierlich überreicht. Der Hund hat nun jede Menge Spaß beim Auspacken und das Kind beim Zuschauen.

Gute Sozialkontakte mit verschiedensten Hunden sind während der Welpenzeit wichtig. Besonders von älteren, souveränen Hunden können kleine Vierbeiner viel lernen. Dazu bieten sich gemeinsame Spaziergänge mit anderen Mensch-Hund-Teams an.

BEGEGNUNGEN MIT HUNDEN

Dein Vierbeiner sollte bereits im Welpenalter guten Kontakt zu verschiedenen anderen Hunden bekommen, um später keine Probleme mit Artgenossen zu haben. Wichtig ist hier zu verstehen, dass nicht jeder Hundekontakt automatisch gut ist. Es ist völlig normal, dass die Vierbeiner nicht jeden Artgenossen mögen. Und es gibt sogar einige Hunde, die Welpen nicht besonders wohlgesinnt sind oder sogar aggressiv auf sie reagieren. Wieder andere Hunde sind zwar freundlich, aber gehen sehr wild mit ihren Artgenossen um und könnten daher deinen Welpen überfordern oder mit ihrer ungestümen Art sogar verletzen.

Gerade in der sensiblen Welpenzeit sollte dein Hundekind daher nicht nur Kontakt zu den passenden Artgenossen bekommen, sondern dieser Kontakt sollte auch auf die richtige Weise ablaufen. Passieren dabei Fehler, so ist dies einer der häufigsten Gründe, warum Hunde später ihren Artgenossen gegenüber aggressiv gestimmt sind. Deswegen ist es äußerst wichtig, dass du gerade bei den ersten Aufeinandertreffen mit anderen Hunden einige Grundregeln beachtest, sodass diese Begegnungen stets zu einer guten Erfahrung für dich und deinen Hund werden.

HUNDE AUF DISTANZ

Hier geht es darum, dass dein Welpe lernt, andere Hunde zu ignorieren und sich dir oder der Umwelt zu widmen. Das ist gar nicht so einfach, schließlich reagieren die wenigsten anderen Hunde gelassen auf deinen Welpen. Manche wollen mit ihm spielen, und andere zeigen sich eher aggressiv. In beiden Fällen ist es wichtig, dass du dich korrekt verhältst, sodass dein Welpe das richtige Verhalten lernt. Meistens denken wir bei der Sozialisierung mit Artgenossen an spielende Hunde, die miteinander herumkullern. So niedlich es auch sein mag, spielenden Welpen zuzusehen, so ist diese Art der Begegnung nur ein Teil des Sozialkontakts zu anderen Hunden. Weniger aufregende Treffen mit Artgenossen etwa spielen eine wesentlich größere Rolle! Diese Übung mag nun »langweilig« klingen, doch ein Hund, der bei Sichtung von Artgenossen entspannt bleibt, kann auch in der weiteren Folge ganz entspannt an anderen Hunden vorbeigehen oder beispielsweise in einem Restaurant auf einen Artgenossen treffen, der sich zufällig ebenfalls dort aufhält.

Am besten beginnst du mit der Beobachtung von Hunden auf Distanz – die einfachste Übung für dich und deinen Welpen. Dazu suchst du dir eine ruhige Stelle, an der sich dein Kleiner wohlfühlt und er Hunde, die in einiger Entfernung vorbeigehen, beobachten kann. Beschäftige deinen Welpen dort mit diversen Suchspielen oder mach mit ihm zwischendurch die »Sitz«-Übung. Ziel ist, dass dein Liebling die Artgenossen zwar sieht und wahrnimmt, sie aber als »unwichtig« abspeichert.

VORBEIGEHEN AN HUNDEN

Im nächsten Schritt soll dein Welpe lernen, beim Spaziergang an anderen Hunden in einem Bogen vorbeizugehen. Diese Sozialisierungserfahrung ist so wichtig und wird oft unterschätzt. Entspannt an Artgenossen vorbeizugehen, ist im Alltag enorm hilfreich, jedoch gar nicht so einfach.

Begegnung freundlicher Hunde

Gerade andere Hundehaltende machen es dir nicht immer leicht. Wenn sie einen Welpen sehen, wollen sie ihn verständlicherweise oft begrüßen. Keine Sorge, du darfst natürlich dem ein oder anderen Hund-Mensch-Team »Hallo« sagen, wenn sich beide Vierbeiner wohlfühlen damit. Du solltest aber an mindestens genauso vielen Hunden in einem Bogen vorbeigehen. Wenn du einen anderen Hund siehst, nimm ein Stufe-3-Leckerchen und locke damit deinen Welpen in einem Bogen auf

Andere Hunde vorbeigehen zu lassen und nicht zu begrüßen, ist eine wichtige Übung, die Welpen schon von klein an lernen sollten. Feine Leckerchen helfen dabei, die starke Ablenkung durch die passierenden Artgenossen zu ignorieren.

die Seite. Dort gibst du ihm so lange diese tollen Leckerchen, bis der andere Hund vorbeigegangen ist. So lernt dein Welpe: Wenn Artgenossen vorbeigehen, bekomme ich feine Leckerchen von meinem Menschen! Er verknüpft diese Situation also positiv und lernt das richtige Verhalten: anderen Hunden auszuweichen.

Begegnung von Hunden, die Probleme mit Artgenossen haben

Für Hunde, die Probleme mit Artgenossen haben, sind Hundebegegnungen äußerst stressig, Das zeigen sie deinem Welpen gegenüber beispielsweise mit Anstarren, Knurren oder aggressivem Bellen an. Behalte bei Hundebegegnungen daher immer auch ein Auge auf das andere Mensch-Hund-Team. Wenn du bemerkst, dass der andere Vierbeiner deinen Hund fixiert, steif wird oder gar schon aggressiv bellt, solltest du vorausschauend agieren.

- Locke deinen Welpen in einem großen Bogen um diesen Hund und nutze gegebenenfalls Autos oder Büsche, hinter die du deinen Liebling bringst.
- Bellt ein Hund aggressiv hinter einem Zaun, wechsle auf die andere Straßenseite.
- Falls die Begegnung an einer schmalen Stelle passieren würde, gehe lieber zurück und suche eine Alternativstrecke zum Ausweichen. Dort gibst du deinem Welpen tollste Leckerchen, bis der andere Hund vorübergegangen ist.

Du solltest deinen Welpen, wenn möglich, an aggressiven Hunden niemals dicht vorbeigehen lassen. Du hilfst damit nicht nur dem anderen Vierbeiner, sondern auch deinem Hundekind, das dadurch keine negativen Erlebnisse mit Artgenossen hat. Dein Welpe lernt außerdem eine wichtige Lektion: aggressiven Hunden auszuweichen!

Bellende Hunde ignorieren

Wenn Hunde Artgenossen bellen hören, machen viele von ihnen mit und fangen ebenfalls an zu bellen. Damit dein Welpe sich davon nicht anstecken lässt, gibt es eine einfache Übung: Immer wenn dein Kleiner einen anderen Hund bellen hört, sagst du laut »Super« und gibst ihm ein tolles Leckerchen. Dein Welpe erfährt also: Wenn ein anderer Hund bellt, bekomme ich fantastische Belohnungen von meinem Menschen! Auf diese Weise lernt er, gar nicht erst auf das Bellen einzugehen und mitzumachen, sondern sich dir zuzuwenden. Halte dafür die Leckerchen stets griffbereit, sodass du schnell reagieren kannst. Im besten Fall bekommt dein Welpe das Leckerchen, BEVOR er selbst anfängt zu bellen.

Um aggressive oder bellende Hunde solltest du mit deinem Welpen einen großen Bogen machen. Hundekinder genießen nicht automatisch einen Welpenschutz bei ihren Artgenossen, daher ist es ratsam, möglichen Problemen frühzeitig aus dem Weg zu gehen.

GUT ZU WISSEN

Mythos Welpenschutz

Mit diesem Begriff geht der alte Mythos einher, dass Welpen bei erwachsenen Hunden eine gewisse Narrenfreiheit hätten, weswegen man sich bei Hundebegegnungen mit einem Welpen weniger Gedanken machen müsse. Dieser Mythos hält sich sehr hartnäckig – und stimmt leider nicht.

So sind einige erwachsene Hunde zwar tatsächlich geduldiger mit Welpen als mit erwachsenen Artgenossen, und viele begegnen ihnen tendenziell freundlich. Es ist aber auch vollkommen normal, dass manche Hunde mit Welpen relativ grob umgehen oder sie überhaupt nicht mögen und sogar aggressiv werden, wenn sie nur einen sehen. Achte also stets bei Hundebegegnungen darauf, ob dein Welpe und der andere Hund kompatibel sind. Falls nicht, gehe mit deinem Kleinen entspannt weiter. Es werden noch genug passende Artgenossen kommen, mit denen dein Welpe Kontakt haben darf.

SPAZIEREN GEHEN MIT ANDEREN HUNDEN

Diese Art der Begegnung mit anderen Hunden ist die sicherste und stressärmste! Hier kann sich dein Welpe angeleint und sicher an Artgenossen heranwagen, ohne dass es zu wild wird. Gerade um Hunde aneinander zu gewöhnen, ist ein gemeinsamer Spaziergang ideal. Aber auch später, wenn sich die Vierbeiner schon gut kennen, bietet er sich als eine tolle Möglichkeit an, Hundekontakte zu pflegen.

Suche dir dafür am besten einen ruhigen, alltagstauglichen Hund, der Welpen mag. Solche erfahrenen Vierbeiner sind übrigens auch gute Vorbilder für die Kleinen. Startet am besten zunächst mit einiger Entfernung zueinander. Mit der Zeit, wenn dein Welpe dies will, lässt du ihn immer näher an den Artgenossen herangehen, bis ihr ihn schließlich erreicht habt und gemeinsam spazieren geht.

Mein Tipp zu Spaziergängen mit anderen Hunden:

Es gibt keinen Sozialzwang! Falls dein Welpe zu Beginn mehr Distanz haben oder während des Spaziergangs etwas vom Artgenossen weggehen will, lass dies zu. So wird er langfristig viel entspannter sein, als wenn er das Gefühl hat, in dieser Situation zu Nähe gedrängt zu werden.

SPIELEN MIT ANDEREN HUNDEN

Darauf freust du dich bei Hundebegegnungen vermutlich am meisten: deinen Welpen mit Artgenossen spielen zu sehen. Das ist absolut verständlich, schließlich gibt es kaum etwas Putzigeres als spielende Welpen. Außerdem ist dein Hund danach, wenn die Begegnung im richtigen Rahmen abläuft, schön müde. Idealerweise lernt dein Kleiner den anderen Hund bei einem gemeinsamen Spaziergang in Ruhe kennen und dabei auch gleich einzuschätzen. Wenn der erste Kontakt gut verläuft, die beiden Hunde entspannt sind und sie charakterlich gut zusammenpassen, dürfen sie natürlich miteinander spielen und herumbalgen. Nachdem du beim freien Spiel allerdings nicht so viele Möglichkeiten hast, auf die Hunde einzuwirken, falls es zu wild wird, solltest du folgende Regeln beachten:

1. Gib deinem Welpen Schutz, falls er ihn bei dir sucht. Wenn dein Kleiner zu dir läuft, stoppe den anderen Hund sanft ab. Es ist vollkommen normal, dass es Welpen im Spiel manchmal zu heftig wird.
2. Falls das Spiel ausartet und du merkst, dass sich einer der beiden Hunde nicht mehr wohlfühlt, stoppe das Spiel sanft ab, sichere gemeinsam mit dem anderen Hundehalter die Vierbeiner und locke deinen Welpen dann zu dir, sodass er eine Pause machen kann.

Das Spielen unter Hunden kann ganz schön rabiat aussehen. Solange beide Hunde entspannt dabei sind, immer wieder die Rollen tauschen und mal der eine und mal der andere oben oder unten liegt oder gejagt wird, ist vermutlich alles in Ordnung. Nichtsdestotrotz kann das Spiel von unerfahrenen Welpen mit ihnen fremden Hunden bisweilen ausarten. Je länger sie miteinander spielen, bemerken sie die Grenzen des anderen Hundes immer schlechter. So kann es sein, dass Hunde, die anfangs gut miteinander umgegangen sind, irgendwann aggressiv werden. Achte hier auf frühe Anzeichen von Überforderung und greife rechtzeitig ein.

Dazu solltet ihr, du und der andere Hundehalter, die Vierbeiner voneinander weg- und jeweils zu euch locken, um ihnen tollste Belohnungen zu geben. Auch eine Knabberstange zum Kauen ist hier sinnvoll. Nach einiger Zeit könnt ihr die Hunde, wenn sie das wollen, wieder miteinander spielen lassen. So lernt dein Welpe: Pause machen ist gar nicht schlimm. Ich bekomme leckere Belohnungen und darf danach wieder mit meinem Kumpel spielen.

Wenn es für beide Hunde und Menschen in Ordnung ist, darf dein Welpe einem Artgenossen unterwegs auch »Hallo« sagen. Achte aber gerade, wenn beide Hunde an der Leine sind, darauf, dass sich die Leinen nicht verheddern.

SO WICHTIG IST KONSENS

Begegnen sich zwei Hunde, müssen sich alle beide wohlfühlen. Behalte daher stets die zwei im Auge. Falls einer weggehen will und so zeigt, dass ihm die Begegnung zu viel wird, lass das zu. Das kann auch während einer Interaktion passieren. Manchmal finden sich Hunde auf den ersten Blick sympathisch, nach einiger Zeit aber nicht mehr. Es ist daher so wichtig, dass ein Hund nie zu Begegnungen mit Artgenossen gezwungen wird! Lieber lässt du deinen Welpen immer wieder weggehen, als dass du ihn zwingst, einen anderen Hund zu begrüßen oder mit ihm zu spielen.

BEGEGNUNGEN AN DER LEINE

Ein Streitthema ist die Frage, ob Hunde Kontakt zu Artgenossen an der Leine haben sollten. Das Problem dabei ist, dass sich die Vierbeiner bei einer Begegnung gern umeinanderdrehen. Stehen die Menschen mit den Leinen hier starr, verheddern sich die Leinen schnell, und die Hunde sind aneinandergefesselt. Das führt nicht selten zu Panikreaktionen und mitunter zu Beißereien – und ist äußerst gefährlich! Achte also immer darauf und wandere mit der Leine mit, sodass dies nicht passiert.

Auch hier gilt: Lass deinen Welpen weggehen, wenn er will, und zwinge ihn an der Leine nicht zu Hundekontakten, die er nicht möchte. Dasselbe gilt natürlich auch für den anderen Vierbeiner. Will er keinen Kontakt, stoppe deinen Hund ab.

3

PRAKTISCHE **TRAININGS-ANLEITUNGEN**

In diesem Kapitel bekommst du das theoretische Rüstzeug an die Hand, um zu verstehen, wie dein Welpe lernt und welche bedeutsamen Mechanismen das Training beeinflussen. Zudem findest du die wichtigsten Übungen, die du mit deinem Hundekind trainieren kannst.

WIE LERNT EIN WELPE?

Damit das Training von Anfang an gut klappt und du deinen Welpen optimal anleiten kannst, ist es von großem Vorteil, wenn du verstehst, wie das Lernen bei Hunden funktioniert. Mit diesem Wissen kannst du dann individuelle Maßnahmen treffen, um deinem Hundekind zu helfen, sich in unserer Welt zurechtzufinden und sich richtig zu verhalten. Es lohnt sich also, sich zunächst mit der Wissenschaft des Lernens auseinanderzusetzen. Du wirst sehen, dass die Lerntheorie ein sehr spannendes Thema ist.

EIN KLEINER ENTDECKER KOMMT INS HAUS

Wie bereits erläutert, hat ein Welpe noch kein Bild von der Welt. Er probiert sich ständig aus, um sein Umfeld kennenzulernen. Das Erlernte wird jeweils bewertet und dementsprechend abgespeichert – und zwar aus dreierlei Gesichtspunkten:

1. was der Welpe gerade empfindet
2. welches Verhalten sich in der jeweiligen Situation lohnt
3. welche Reize unwichtig sind

WAS EMPFINDET DEIN WELPE?

Wie sich dein Hund in einer bestimmten Situation fühlt und wie er diese daraufhin abspeichert, ist entscheidend dafür, wie er sich in Zukunft verhalten wird. Ein Beispiel zur Veranschaulichung: Du bekommst Besuch. Verknüpft der Welpe nun den ersten Besuch als etwas Angenehmes, wird er diese Situation so abspeichern. Dies wird sich auf den nächsten Besuch auswirken, denn vermutlich wird sich dein Hund auch über den nächsten Gast freuen. Fühlt er sich jedoch unwohl dabei, so kann es sein, dass er bei zukünftigen Besuchen Angst oder gar Aggression zeigt. Falls der erste Besuch hingegen ganz besonders lustig für deinen Welpen war, kann es passieren, dass er in Zukunft immer mit starker Aufregung reagiert.

Dies gilt für jegliche Situation im Alltag. Je nachdem, wie dein Hund die Erlebnisse dabei verknüpft, wird seine Erwartungshaltung in diesen Situationen ausfallen. In den meisten Fällen willst du, dass dein Hund Alltägliches zwar angenehm, aber nicht zu aufregend abspeichert. Schließlich verhält sich ein entspannter, positiv gestimmter Hund in der Regel am besten.

WELCHES VERHALTEN LOHNT SICH?

Neben dem wichtigsten Faktor, nämlich wie sich dein Hund fühlt, spielt es natürlich auch eine Rolle, welches Verhalten dein Vierbeiner in der jeweiligen Situation erlernt. Überlege dir also stets, welches Verhalten sinnvoll und ausführbar für ihn ist. So könntest du ihm beispielsweise beim ersten Besuch eine Kaustange auf seiner Decke anbieten. Dein Welpe lernt dadurch: Wenn ein Gast kommt, fühle ich mich wohl und lege mich auf meine Decke.

Auch das gilt für alle möglichen Alltagssituationen. Dein Welpe testet, was sich für ihn lohnt. Wobei kann er den maximalen Gewinn für sich erzielen? Gerade diese anfängliche Experimentierphase solltest du unbedingt nutzen und die erwünschten Verhaltensweisen lohnenswert machen! Lege den Fokus auf das richtige Verhalten, lenke es gegebenenfalls in die richtigen Bahnen und belohne dies! Du wirst sehen, dein Welpe merkt sich das und wird das, was zum Erfolg führt, immer wieder ausführen! Im Fachjargon nennt man dies auch Verstärkung. Ein Verhalten, das sich aus Hundesicht lohnt, wird in Zukunft öfter gezeigt – es wird also verstärkt.

Unerwünschtes Verhalten hingegen sollte sich so wenig wie möglich für deinen Vierbeiner lohnen. Wenn dein Welpe beispielsweise vor Freude am Besuch hochspringt, um begrüßt zu werden, und du das nicht willst, dann solltest du die Person anweisen, deinen kleinen Liebling anfangs am besten zu ignorieren. Zusätzlich zeigst du deinem Hundekind aber unbedingt, was es stattdessen tun soll – zum Beispiel auf seine Decke gehen und dort nach Leckerchen suchen oder eine Kaustange knabbern, die dort für ihn bereitliegt. Der Kleine lernt so: Hochspringen war nicht so lustig, auf die Decke gehen hingegen war toll!

WELCHE REIZE SIND UNWICHTIG?

Auf deinen Welpen prasseln alle möglichen Reize ein: akustische Reize, wie Geräusche von Verkehrsgetöse, Radiolärm oder Kindergeschrei, optische Reize, wie Menschen auf der Straße oder gar auf Skateboards und anderen Fahrgeräten, sowie

Viele Umweltreize muss der Welpe ausblenden lernen. Hier ist ein gewisses Fingerspitzengefühl gefragt, und es gilt, das Hundekind aufmerksam zu beobachten. So erkennst du schnell, wann ihn ein Reiz überfordert oder vielleicht sogar stark ängstigt.

geruchliche Reize, wie beispielsweise alle möglichen Essensgerüche aus der Küche oder die Nachbarskatze, die Duftspuren auf der Straße hinterlässt.

All diese Reize sollte dein Hundekind ausblenden können. Schließlich gehören sie »im Hintergrund« zum Alltag dazu. Für uns ist das meist selbstverständlich, weil wir uns an unsere Umgebung gewöhnt haben, doch auf den Welpen trifft dies nicht zu. Für ihn kann ein vorbeifahrendes Fahrrad sehr aufregend oder gar beängstigend sein. Und auch die spannenden Gerüche von leckerem Essen sind unheimlich interessant für den Kleinen, der nur Hundefutter und Muttermilch kennt. Kurz: Der Welpe muss sich erst Schritt für Schritt an diese Reize gewöhnen – und das ist ein ungeheuer wichtiger Mechanismus auf dem Weg zum alltagstauglichen Hund. Er erfordert ein gewisses Fingerspitzengefühl deinerseits, denn bei der Gewöhnung an die Reize geht es darum, dass der Hund diese als »irrelevant« abspeichert.

Im Idealfall gehst du die Situationen so an, dass dein Welpe ruhig und entspannt ist und sich anderen Dingen widmen kann. So lernt er am besten, den

Welches Verhalten lohnt sich? Diese große Frage stellt sich für deinen kleinen Hund permanent. Denn all das, was sich aus seiner Welpensicht lohnt, wird er in Zukunft öfter machen.

individuellen Reiz auszublenden und als unwichtig abzuspeichern. So könntest du etwa in einen Park gehen, in dem der Radweg sehr weit weg ist, damit dein Hundekind die Radfahrer zwar sieht, diese aber ausblenden kann. Mit der Zeit spazierst du immer näher am Radweg vorbei, sodass der Welpe mit der Zeit lernt, selbst dann Radfahrer zu ignorieren, wenn sie in seiner Nähe vorbeifahren.

Dasselbe gilt für alle möglichen Alltagsreize. Starte am besten immer in großer Distanz und mit entspanntem Hund und gehe erst Schritt für Schritt näher ran. Bei Geräuschen könntest du das Radio anfangs nur leise aufdrehen und es mit der Zeit lauter machen. Falls du an einer lauten Straße lebst, könntest du anfangs ein Fenster kippen, sodass dein Hund sich in der Wohnung an den Lärm gewöhnt, bevor du schließlich mit ihm hinausgehst.

JEDER WELPE IST ANDERS

Den kleinen Vierbeiner in der richtigen Weise an Alltagssituationen zu gewöhnen, ist meist gar nicht so schwierig, wenn du dir vorher Gedanken machst und die einzelnen Schritte in Ruhe planst. Wie das konkret aussieht, hängt individuell vom Welpen ab. Beobachte dein Hundekind also stets in der jeweiligen Situation, um einschätzen zu können, wie schnell du in eine Situation gehen kannst. Es gibt Welpen, die ganz besonders offen auf vorbeigehende Menschen reagieren, während anderen Hundekindern Passanten total egal sind und einige den fremden Menschen gegenüber sogar ängstliches Verhalten zeigen. Dementsprechend solltest du deine Spaziergänge anpassen.

DIE VIER GOLDENEN REGELN FÜR DAS TRAINING MIT DEINEM WELPEN

1. DAS ERSTE MAL IST AM WICHTIGSTEN!

Die ersten Erfahrungen mit neuen Situationen sind am prägendsten. Wenn dein Welpe beispielsweise das erste Mal auf einen anderen Hund trifft, hat dieses Erlebnis einen enormen Einfluss auf ihn. Hat er hingegen bereits viele Artgenossen kennengelernt und eine Hundebegegnung verläuft nicht optimal, ist das nicht so schlimm, als wenn dies gleich schon beim allerersten Mal passiert. Die erste Begegnung ist immer die wichtigste – das gilt generell für alle Situationen, ganz egal ob erster Besuch, erste Begegnung mit Hunden oder erstes Aufeinandertreffen mit Kindern. Weil diese ersten Lernerfahrungen so enorm wichtig sind, sollten sie im besten Fall optimal verlaufen. Dein Welpe sollte stets eine positive Erfahrung dabei machen und das richtige Verhalten lernen. Es lohnt sich also, gerade zu Beginn die Situationen sorgfältig zu planen und das Hundekind entsprechend anzuleiten.

2. WIEDERHOLUNGEN – DIE MACHT DER GEWOHNHEIT!

Je öfter dein Hund ein Verhalten übt, desto gefestigter wird es und desto zuverlässiger und perfektionierter kann er es ausführen. Mit der Zeit entstehen so Gewohnheiten – dein Vierbeiner wird manche Dinge fast schon automatisch machen. Wenn du deinen Welpen beispielsweise zu Beginn vor dem Hinausgehen aus der Haustür immer ins »Sitz« lockst und belohnst, wird er sich aus Gewohnheit mit der Zeit automatisch dort hinsetzen. Ziel des Trainings ist, genau

solche erwünschten Gewohnheiten zu etablieren und unerwünschte gar nicht erst zuzulassen. Achte also darauf, dass dein Welpe nur erwünschte Verhaltensweisen übt und dass unerwünschte Verhaltensweisen so wenig wie möglich gefestigt werden. Wenn du deinen Esstisch gut absicherst, sodass dein Welpe dort niemals etwas zu fressen findet, wird er vermutlich auch später nicht auf den Tisch springen. Lässt du dort hingegen immer wieder Essen liegen und dein Welpe übt dieses Verhalten regelmäßig, dann wird es später wesentlich schwieriger, ihm dieses unerwünschte Verhalten wieder abzutrainieren.

3. BESONDERS GROSSARTIGES ODER SCHLECHTES WIRD AM STÄRKSTEN ABGESPEICHERT!

Neben Wiederholungen, die ein Verhalten festigen, gibt es einen Mechanismus, der wie ein Katalysator im Training wirkt: die emotionale Bewertung der Situation. Erlebt ein Hund ein Verhalten als unheimlich lohnenswert, wird es ganz besonders stark abgespeichert. Dieser Mechanismus ist dein bester Freund und gleichzeitig dein größter Feind im Training. Du kannst dieses Wissen bewusst nutzen und deinen Vierbeiner beispielsweise für den Rückruf mit etwas ganz besonders Außergewöhnlichem belohnen. Also nicht einfach mit Trockenfutter, sondern mit seinem Lieblingsspiel oder eben etwas, das er ganz besonders fantastisch findet.

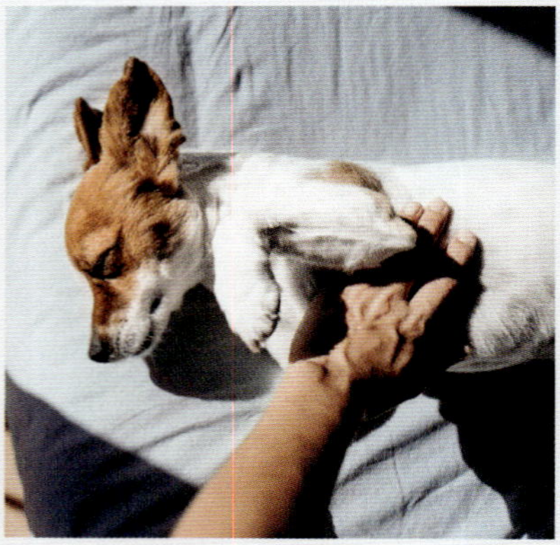

Leider gibt es auch eine negative Seite dazu: Bei sehr starken Verstärkern reicht oft eine Wiederholung, dass sich dein Hund dieses Verhalten für immer merkt. Springt er beispielsweise einmal am Esstisch hoch und erwischt dort ein Stück Braten, so ist das ein großartiges Erlebnis – schließlich wird er so eine Leckerei in seinem Leben sonst vermutlich nie erhaschen. Die Folge davon ist: Dein

Welpe wird vermutlich immer wieder versuchen, in der Hoffnung auf die Belohnung auf den Tisch zu springen, und du wirst in diesem Fall lange gegensteuern müssen.

Noch stärker wirkt sich dieser Mechanismus bei negativen Erfahrungen aus. So kann ein besonders unangenehmes Erlebnis ausreichen, dass der Hund in einer Situation starke Angst zeigt. Wenn dein Kleiner beispielsweise von einem Artgenossen erschreckt wird und große Angst dabei bekommt, kann das dazu führen, dass er auf zukünftige Hundebegegnungen zurückhaltend oder gar mit Aggression reagiert.

Mein Tipp zu Belohnungen:

Nutze starke Belohnungen ganz gezielt im Training und optimiere es auf diese Weise. Plane gleichzeitig neue Situationen vorab, sodass du negative, potenziell traumatisierende Erlebnisse oder unerwünschte Verstärker von Anfang an vermeidest.

4. AUF UND AB IM TRAINING

Sei dir bewusst, dass das Training an manchen Tagen besser verläuft als an anderen. Das ist ganz normal. So wie es dir an manchen Tagen besser geht und an anderen schlechter, so ist das auch bei deinem Welpen. Er macht verschiedene Entwicklungsschritte durch, hat an einigen Tagen mit Zahnungsschmerzen zu kämpfen oder braucht an manchen Tagen mehr Ruhephasen als an anderen. Auch kann es sein, dass das erlernte Verhalten an manchen Tagen bereits sehr gut klappt, an anderen wiederum gar nicht. Berücksichtige das stets und passe dein Training dementsprechend an deinen Welpen und seine Tagesverfassung an.

RICHTIG STARTEN

Die Grundlagen für das Training kennst du nun, und mit diesem Wissen gewappnet, kann das Training bald starten. Ich empfehle dir allerdings, dich stets gut vorzubereiten, denn dann fällt das Training gleich viel leichter. Bereite VOR den Trainingseinheiten die Belohnungen vor. Hole die Leckerchen aus der raschelnden Verpackung und schneide sie, falls nötig, vorher klein. Bereite stets zu viele Belohnungen vor, denn es ist furchtbar nervig, nach den letzten Leckerchen in der Tasche suchen zu müssen. Halte deine Belohnungen in einer Futtertasche oder einem Gefäß in der Nähe griffbereit, sodass du sie jederzeit und bequem ergreifen kannst.

START

Der Beginn der Trainingssessions klappt am besten in einer ablenkungsarmen Umgebung. Das dürfte in der Regel zu Hause der Fall sein. Du wirst sehen, seid ihr ungestört, kann sich dein Welpe am besten auf eine neue Aufgabe konzentrieren!

GENERALISIERUNG

Sobald die Übung gut klappt, ist der nächste Schritt die sogenannte Ortsgeneralisierung. Dein Welpe lernt, dass ein »Sitz« an anderen Orten auch sitzen heißt. Das muss er erst schrittweise lernen. Du kannst dafür zu Beginn in unterschiedlichen Räumen bei dir zu Hause üben und anschließend unterwegs an den verschiedensten Orten.

LEBENSLANG

Schlussendlich findet die Generalisierung lebenslang statt! Das bedeutet, dass das Training nicht eines Tages beendet ist, sondern du die Übungen vielmehr immer wieder mit deinem Hund trainieren solltest – und zwar zeit seines Lebens. Denn du wirst mit deinem Vierbeiner immer wieder in neue, ungewohnte Situationen geraten, in denen es ihm schwerer fallen wird, das Erlernte zu zeigen. Sei darauf vorbereitet und betrachte jede neue Situation als eine Trainingsmöglichkeit.

RICHTIG BELOHNEN

Motivation ist der Schlüssel zu einem erfolgreichen Training. Wenn du während der Übungen die richtigen Belohnungen einsetzt, wird dein Welpe freudig mit dir arbeiten und gern neue Dinge lernen. Deswegen ist es wichtig, dass du die richtigen Belohnungen findest. Hier ein Überblick, welche Möglichkeiten es gibt.

- Futter: Die meisten Hunde lassen sich mit Futter motivieren – deshalb ist es DAS Hilfsmittel Nummer 1. Du kannst alle möglichen Sorten verwenden, ganz egal, ob Trocken- oder Feuchtfutter, saftige Leckerchen, Futtertuben oder gar Apfelstückchen oder gekochte Karotten. Bitte berücksichtige, dass viele Welpen, die gerade zahnen, lieber feuchte Leckerchen als harte bevorzugen. Passe die Belohnungen also stets an dein Hundekind an. Und achte außerdem darauf, dass dein Welpe das Futter auch verträgt. Am besten startest du zunächst mit nur einer Sorte und erweiterst das Repertoire Schritt für Schritt.
- Spielzeug: Manche Hunde lassen sich sehr stark durch Aktivitäten mit Spielzeug motivieren, andere hingegen weniger. Dazu kannst du beispielsweise ein

Futter kannst du im Futternapf geben, aber auch ganz gezielt und erfolgreich im Training als Belohnung einsetzen.

Nicht alle Hunde lassen sich mit Leckerchen »bestechen«. Manche sind besonders gut mit Spielzeug zu motivieren.

Zerrspielzeug einsetzen, einen Ball werfen oder dem Welpen einfach ein tolles Spielzeug überlassen, mit dem er sich selbst beschäftigt.

- Umweltbelohnungen: Jeder Hund hat seine eigenen Leidenschaften – ob ins Wasser springen, mit anderen Hunden toben, eine Fährte ausarbeiten. Beobachte deinen Welpen gut und achte darauf, welche Aktivitäten er im Alltag liebt. Diese kannst du in weiterer Folge im Training als Belohnung einsetzen.

Jede der aufgeführten Belohnungsarten hat ihre individuellen Vor- und Nachteile, und je nach Übung ist die eine oder andere sinnvoller. So würde ich für ruhige Übungen wie »Platz« eher Futter einsetzen, während sich für Übungen wie etwa »Komm«, bei denen der Hund aufgeregt sein soll, eher ein Ballspiel eignet, sofern er dies mag. Ich werde dir bei jeder Übung eine geeignete Belohnung vorschlagen. Falls du jedoch merkst, dass für dich und deinen Hund andere Belohnungen besser funktionieren, dann passe dein Training entsprechend an.

BELOHNUNGSHIERARCHIE

Du kannst den Trainingserfolg enorm beschleunigen, wenn du stets die richtigen Belohnungen für die richtigen Übungen einsetzt. Teile hierfür die Belohnungen in drei Kategorien ein:

1. Gute Belohnungen für einfachere Übungen, die der Hund schon gut kann und die funktionieren, wenn es keine große Ablenkung gibt.
2. Bessere Belohnungen für neue Übungen und schwierigere Aufgaben, wenn eine leichte Ablenkung besteht.
3. Jackpot-Belohnungen für sehr wichtige Aufgaben unter starker Ablenkung.

In so einer aufregenden Umgebung wirst du vermutlich die allerbesten Belohnungen für das Training benötigen, um die Aufmerksamkeit deines Welpen zu erlangen. Nicht alles, was zu Hause im Wohnzimmer gut funktioniert, hat denselben Effekt draußen.

Du wirst sehen, dass das Trockenfutter, für das dein Hundekind zu Hause zu begeistern ist, womöglich in anderen Situationen wie beim Spaziergang nicht mal angerührt wird. Lerne deinen Welpen also gut kennen und passe deine Belohnungen dementsprechend an die jeweilige Situation an.

ABER DER HUND SOLL ES FÜR MICH TUN!

Vieles im Zusammenleben mit dem Vierbeiner scheint selbstverständlich für uns zu sein: locker an der Leine gehen, »Sitz« auf Signal, kommen auf Zuruf. Doch dies sind Dinge, die wir Menschen uns wünschen. Wie schön wäre es, wenn Hunde die Wichtigkeit davon verstünden oder »für uns« brav sein wollten. Für sie jedoch sind es vollkommen »unnatürliche« Verhaltensweisen. Kein Hund würde von einem Artgenossen verlangen, auf Signal zu kommen oder sich hinzusetzen, wenn er es wünscht, und an der Leine führen sich Hunde gegenseitig auch nicht. Merke dir also Folgendes: Dein Hund wird das tun, was sich für ihn lohnt. Wenn sich die von dir erwünschten Verhaltensweisen also lohnen, wird er diese öfter zeigen. Beobachte ihn also sehr genau und belohne ihn mit dem, was er in der jeweiligen Situation gernhat!

DAS RICHTIGE TIMING

Damit dein Welpe lernt, welches Verhalten du von ihm willst, musst du ihm dies genau in dem Moment vermitteln, in dem er das Verhalten zeigt. Wenn dein Hund sich beispielsweise hinsetzt und du ihn in genau diesem Augenblick dafür lobst, dann lernt er vermutlich: Wenn ich mich hinsetze, bekomme ich Aufmerksamkeit. Wenn er sich hingegen hinsetzt, kurz darauf wieder aufsteht und du deinen kleinen Liebling dann erst lobst oder auf sein Verhalten reagierst, dann lernt dein Welpe: Wenn ich aufstehe, bekomme ich Aufmerksamkeit.

Deswegen gilt grundsätzlich: In dem Moment, in dem dein Welpe etwas richtig macht, muss sofort das Feedback – also die Belohnung – von dir erfolgen. Dies ist generell nicht so einfach, denn schließlich stehst du nicht immer mit dem Leckerchen oder einer anderen Belohnung direkt neben deinem Hund. Daher empfehle ich dir, zu diesem Zweck ein klares Markersignal zu benutzen.

Am besten eignet sich dafür ein Wort, das du sonst nie zu deinem Hund sagst. Ich werde in diesem Buch »YES« verwenden, aber du kannst natürlich auch ein anderes Wort wählen, das dir eher behagt. Wichtig ist nur: Sobald du dieses Wort aussprichst, folgt IMMER eine Belohnung. Zusätzlich kannst du auch einen Klicker verwenden. Das ist ein kleiner Knackfrosch, der ein ganz spezielles Geräusch macht.

EINDEUTIGE SIGNALE

Damit dein Hund versteht, was du willst, solltest du dir klare, eindeutige Signale überlegen. Gerade deine Körpersprache spielt hier eine große Rolle, denn Hunde sind ausgezeichnete Bewegungsseher! Überlege dir also eindeutige Signale, die dann natürlich auch die ganze Familie einheitlich verwenden sollte. So könntest du beispielsweise für das Kommando »Sitz« ein klares Handzeichen zeigen oder beim Rückruf eine gewisse Körperhaltung einnehmen.

… UND WENN ER NICHT GEHORCHT?

Diese Situation wird sicherlich immer wieder vorkommen: Du hast ein Verhalten mit deinem Welpen trainiert, und es hat hundertmal wunderbar funktioniert. Beim gefühlt Hunderteintenmal führt der Vierbeiner das geübte Verhalten jedoch nicht aus. So eine Situation ist frustrierend und verunsichert dich vielleicht. Möglicherweise gehst du nun sogar strenger mit dem Kleinen um, denn schließlich »kann« er dieses Signal doch vermeintlich schon!

Manchmal ist die Situation einfach zu stressig für den Welpen, um sich zu konzentrieren. In diesem Fall kannst du nicht mit dem gewünschten Verhalten rechnen. Mit etwas Einfühlungsvermögen meisterst du aber diese Situation sicherlich souverän.

Auch wenn sich deine Reaktion menschlich nachvollziehen lässt, ist es wichtig, dass du in so einer Situation zunächst ganz entspannt bleibst und deinem Welpen gegebenenfalls ein Signal gibst, das er schon sehr zuverlässig ausführen kann. So habt ihr beide trotzdem ein Erfolgserlebnis. Versuche unbedingt herauszufinden, was der Grund für diesen »Patzer« sein könnte. Folgendes käme infrage:

- Ist dein Welpe vielleicht einfach müde? Dann legst du besser eine Pause ein.
- Hat dein Hund Bauchweh oder Zahnschmerzen und kann sich deswegen nicht konzentrieren? Auch hier hilft eine Pause.
- Hat dich dein vierbeiniger Liebling wirklich gehört? Welpen sind von der Umwelt oft so abgelenkt, dass sie uns schlichtweg nicht wahrnehmen.
- Ist das Umfeld für dein Hundekind zu neu und unbekannt? Vielleicht hast du in diesem Kontext noch nicht trainiert, und der Kleine ist zu sehr verunsichert.

Betrachte all diese Situationen, in denen gewisse Übungen nicht zuverlässig funktionieren, stets als Rückmeldung, die dir zeigt, woran du mit deinem Welpen noch arbeiten solltest. Training ist ein fortführender Prozess, und es ist ganz normal, dass nicht immer alles perfekt funktioniert. Sei nicht zu streng mit dir und deinem Hund – das Wichtigste dabei ist, dass ihr beide Freude am Lernen habt!

MANAGEMENT – DIE ELEGANTESTE TRAININGSHILFE

Wie schon mehrfach angesprochen, solltest du deinen Welpen unerwünschtes Verhalten in unpassenden Situationen nicht ausführen lassen. Um dies von vornherein zu unterbinden, gibt es eine äußerst elegante und noch dazu sehr effiziente Trainingsmethode: gutes Management!

Damit ist gemeint, dass du ein Verhalten schlichtweg schon im Vorfeld verhinderst und dadurch deinen Hund dieses gar nicht üben bzw. ausführen lässt. Das Großartige daran: Wenn dein Welpe lernt, mit einem Alternativverhalten seine Bedürfnisse zu befriedigen, wird er in Zukunft das unerwünschte Verhalten einfach nicht mehr zeigen – auch ohne Managementmaßnahmen.

Die Optionen von Management solltest du stets im Hinterkopf behalten und sie gegebenenfalls anwenden. Idealerweise überlegst du dir also schon im Vorfeld von neuen Situationen, in die du mit deinem Hundekind kommst, wie sich mögliches unerwünschtes Verhalten wirkungsvoll vermeiden lässt. Die folgenden Beispiele sollen dies verdeutlichen:

- Wenn du bei jemandem zu Besuch bist und nicht willst, dass dein Welpe an den Menschen hochspringt, leine deinen Hund an und halte ihn auch auf Abstand zu den betroffenen Personen.
- Wenn du nicht willst, dass dein Welpe ins Kinderzimmer geht, montiere ein Gitter vor der Tür, das ihm den Zutritt verwehrt.
- Wenn du nicht willst, dass dein Welpe deine Schuhe oder die deines Besuchs ankaut, stell die Schuhe einfach vor der Haustür ab oder verstaue sie in einem Schrank, sodass der Hund gar nicht erst an sie herankommt.

Auch hier gilt: Diese speziellen Managementmaßnahmen musst du in vielen Fällen nicht lebenslang aufrechterhalten. Wenn du in den jeweiligen Situationen ein erwünschtes Verhalten trainierst und dementsprechend oft übst, wird dein Welpe mit der Zeit gar nicht mehr auf die Idee kommen, etwas anderes zu tun.

Kommt Besuch zu dir nach Hause, ist das ein aufregendes Erlebnis für den Welpen. Hier hilft es, ein mobiles Gitter aufzustellen und den Kleinen zusätzlich anzuleinen. So lernt er von Anfang an das richtige Verhalten, nämlich ruhiges Sitzen auf seinem Platz.

Abgesichert durch die Leine, kannst du verhindern, dass dein Welpe zu anderen Hunden hinstürmt. Gerade bei fremden Artgenossen ist etwas Vorsicht geboten, denn nicht jeder Hund mag Welpen. Lenke deinen Kleinen zusätzlich mit einem feinen Leckerchen ab.

DIE WICHTIGSTEN ÜBUNGEN

Was genau muss ein Welpe lernen? Diese Frage wirst du dir vermutlich stellen. Doch sie lässt sich gar nicht so einfach beantworten, denn das ist individuell ganz verschieden! Wenn du auf dem Land lebst und kaum Menschen triffst, wird dein Fokus ein anderer sein, als wenn du mitten in einer Großstadt wohnst. Auch deine persönlichen Vorstellungen spielen natürlich eine Rolle.

Auf den folgenden Seiten stelle ich dir eine ganze Reihe von Übungen vor, von denen ich glaube, dass es sinnvoll wäre, wenn dein Welpe sie lernte. Meiner Überzeugung nach werden sie – wenn der Hund sie erst einmal beherrscht – den meisten Menschen den Alltag erleichtern. Du musst aber natürlich nicht jede dieser Übungen trainieren, wenn sie für dich und deinen vierbeinigen Liebling keinen Nutzen hat. In welcher Reihenfolge du beginnst, bleibt natürlich auch dir überlassen.

GRUNDLEGENDE VORÜBERLEGUNGEN

Bevor du mit dem Training startest, beachte bitte folgende vier Grundsätze:

1. Es ist wichtiger, wie sich dein Hund fühlt, als was er tut!

Bei der Welpenerziehung geht es in erster Linie darum, dem Hundekind eine Stütze in der menschlichen Welt zu sein und ihm zu helfen, sich richtig zu verhalten, sodass ein alltagstauglicher Begleiter aus ihm wird. Ganz wichtig dabei zu verstehen ist die Bedeutung der Emotionen. Ein Hund, der sich wohlfühlt, neigt viel weniger zu Verhaltensproblemen als einer, der in verschiedenen Situationen negative Erfahrungen macht. Dies gilt insbesondere für Welpen. Je positiver dein kleiner Vierbeiner die Welt erlebt, desto positiver und offener wird er auf neue Situationen reagieren. Wenn du also deinem Hundekind etwas Neues beibringst, achte stets auf folgenden Grundsatz: Es soll nicht nur das richtige Verhalten lernen, sondern sich dabei gleichzeitig wohlfühlen!

2. Achtung: Der Welpe lernt immer!

Dein Hundejunior ist, ähnlich wie kleine Kinder, eine Lernmaschine. Welpen verbringen den Großteil ihrer wachen Zeit damit, ihre Umwelt zu erkunden und diese zu verstehen. Außer wenn sie schlafen, lernen sie also immer! Sei dir dessen bewusst und überlege dir in neuen Situationen stets, was dein Hund lernen soll und was du dafür tun musst. Wenn du nicht bewusst mit deinem Vierbeiner trainierst, achte darauf, dass er keine unerwünschten Gewohnheiten entwickelt. Management lautet hier das Zauberwort, das dabei zum Erfolg führt!

3. Training sollte euch beiden – dir und dem Hund – Spaß machen!

Es ist wichtig, dass sich dein Welpe im Training wohlfühlt. Das führt dazu, dass er gern mit dir arbeitet und auch in Zukunft gern mit dir trainiert. Dasselbe gilt auch für dich! Training mit deinem Liebling, das dir keinen Spaß macht, wird kaum von Erfolg gekrönt sein. Auch du solltest gern mit deinem Hund zusammenarbeiten. Achte also stets im Training darauf, dass es dir und dem Kleinen gut geht. Merkst du, dass sich einer von euch beiden nicht wohlfühlt, legst du lieber eine Pause ein.

Das Wichtigste, das dein Welpe lernen sollte, ist, dass das Training mit dir Spaß macht. So lernt er lebenslang gern mit dir. Sorge also dafür, dass die Trainingseinheiten zu deinem Hund passen, und achte darauf, ihn nicht zu überfordern.

Ein Welpe lernt immer – in jeder Situation! Zeige ihm daher, welche Verhaltensweisen du wünschst, und mach diese lohnenswert für ihn. Selbstverständlich solltest du stets die richtigen Belohnungen griffbereit haben.

4. Fokussiere dich auf das Gute

Die Welpenzeit ist anstrengend, und dein Hundekind macht nicht alles »richtig«. Aber: Dein kleiner Liebling wird immer wieder Dinge tun, die genau richtig sind. So wird er mit Sicherheit Verhalten zeigen, das dir Freude bereitet und das sich für euch beide gut anfühlt. Achte von Anfang an genau auf diese Momente und belohne den Kleinen dafür! Das führt zum einen dazu, dass die richtigen Verhaltensweisen verstärkt werden, und zum anderen bekommst du einen positiven Blick auf deinen Hund. Was kann eine bessere Basis für eine positive Beziehung sein?

WOMIT SOLL ICH ANFANGEN?

Du kannst natürlich mit jeder beliebigen Übung beginnen. Ich empfehle dir aber, »Sitz« ganz oben auf der Liste zu platzieren. Es ist nicht nur eine tolle Einstiegsübung, die den meisten Welpen leichtfällt, sondern du lernst gleichzeitig dabei, wie du deinem Hundekind ein neues Verhalten beibringst und dieses weiter ausbaust. Ein »Sitz« ist schnell trainiert, den Welpen aber dazu zu bringen, längere Zeit und in verschiedensten Situationen sitzen zu bleiben, ist eine langwierigere Aufgabe.

»SITZ«

Dein Welpe lernt, sich auf dein Signal hinzusetzen, bis du ihn wieder mit einem speziellen Auflösezeichen (siehe unten) aus dem »Sitz« entlässt. Während er sitzt, sollte sich der Hund ruhig verhalten und abwarten, bis du dein Auflösezeichen zeigst.

WOZU DIE ÜBUNG?

Ein Hund, der ruhig sitzen kann, ist ein angenehmer Gefährte – egal, ob du dich mit jemandem auf der Straße unterhältst oder du möchtest, dass er sich in einer Situation ruhig verhält. Noch dazu ist das »Sitz« sehr einfach aufgebaut und daher eine gute Einstiegsübung, bei der du viel über Hundetraining lernst. Du wirst merken, dass dir alle anderen Übungen leichter fallen, wenn du den Aufbau der leichten »Sitz«-Übung verinnerlicht hast.

IST DEIN WELPE BEREIT?

Du kannst die Übung ausführen, wenn dein Welpe wach und motiviert ist, Futter von dir zu nehmen.

DAS BRAUCHST DU

Klein geschnittene Stufe-2-Leckerchen, griffbereit in deiner Leckerchentasche oder in einem Becher.

LOS GEHT'S

1. Nimm ein Leckerchen zwischen deine Finger und strecke dabei deinen Zeigefinger aus. Halte das Leckerchen an die Schnauze deines Hundes und lass ihn das Häppchen riechen. Nun bewegst du langsam das Leckerchen über den Kopf deines Welpen, sodass er den Kopf hebt. Warte ganz ruhig in dieser Position, bis dein Kleiner seine Hinterbeine einknickt. Sobald sein Po den Boden berührt, sagst du »Yes« und gibst ihm das Leckerchen in dieser Position.
2. Danach löst du das Signal wieder auf. Verwende dafür ein Wort wie etwa »Fertig« und mach dazu eine klare Handbewegung. So lernt dein Welpe: Wenn du dein Auflösezeichen zeigst, kann er aufstehen. Wiederhole nun diesen Schritt einige Male, um ihn zu festigen. Sobald dein Welpe sich schnell und zuverlässig hinsetzt, wenn du die Hand mit erhobenem Zeigefinger hebst, bist du bereit für den nächsten Schritt.

1. Locke deinen Welpen mit seinem Kopf nach oben.

2. Warte, bis sein Po nach unten geht.

3. Sobald sein Po den Boden berührt, belohnst du den Hund.

4. Zeige mit einer klaren Handbewegung, dass die Übung abgeschlossen ist. Noch eine Belohnung schadet nicht.

5. Nach einigen Wiederholungen hast du kein Leckerchen mehr in deiner Hand.

3. Hebe wieder deine Hand mit erhobenem Zeigefinger über dem Kopf deines Welpen, doch diesmal hältst du kein Leckerchen in dieser Hand. Dein Welpe wird das vermutlich kaum bemerken und sich hinsetzen. Sag »Yes«, sobald er sitzt, hole ein Häppchen aus deiner Leckerchentasche und belohne den Hund.
   Nun hast du den ersten Schritt beim »Sitz« geschafft. Dein Welpe setzt sich hin, wenn du deinen Zeigefinger hebst. Hunde reagieren am besten auf optische Kommunikation, daher empfehle ich, dieses Handzeichen als »Sitz«-Signal zu verwenden.

DAS WORT »SITZ« EINFÜHREN

1. Sag das Wort »Sitz« und hebe gleich danach wie gewohnt den Zeigefinger. Wiederhole dies immer wieder: »Sitz«, dann den Finger heben.
2. Nach einigen Malen sagst du »Sitz« und wartest eine Sekunde, bis du den Finger hebst. Wenn sich dein Welpe hinsetzt, bevor du das Fingersignal zeigst, sagst du »Yes« und belohnst ihn. Falls er sich noch nicht hinsetzt und das Fingersignal braucht, wiederholst du diesen Schritt einfach mehrere Male.

Ob du das Signal erhobener Zeigefinger, die Kombination »Sitz« + Finger oder nur das Wortsignal »Sitz« verwenden willst, bleibt dir überlassen. Vielleicht bemerkst du, dass dein Hund besser auf das eine oder das andere Signal reagiert, dann kannst du dich natürlich auch an ihn anpassen.

STOLPERSTEINE

Möglicherweise setzt sich dein Hundekind nicht hin, wenn du das Leckerchen über seinem Kopf hältst. Verweile in dem Fall ganz ruhig mit der Hand über dem Kopf und halte das Leckerchen fest. Die meisten Welpen setzen sich mit der Zeit irgendwann hin, weil es bequemer ist. Wichtig ist, dass du dabei keine hektischen Bewegungen machst. Verharre wie angewurzelt mit der Hand über dem Kopf des Welpen, bis er sich schließlich hinsetzt.

Es kann auch sein, dass das Leckerchen so aufregend für den Kleinen ist, dass er vor lauter Freude an dir hochspringt. Versuche es in diesem Fall mit einem weniger attraktiven Leckerchen. Möglicherweise kann sich dein Welpe dann besser konzentrieren.

Achtung: Nicht über den Hund beugen! Gerade beim »Sitz«-Signal beugen wir uns häufig unbewusst über den Welpen. Das wirkt auf Hunde aber oft bedrohlich. Achte daher darauf, dass du eine aufrechte und einladende Körperhaltung einnimmst.

LÄNGER SITZEN BLEIBEN

Dein Welpe lernt bei dieser Übung, länger sitzen zu bleiben.

WOZU DIE ÜBUNG?

Dein Welpe hat gelernt, sich bei dir zu Hause auf dein Signal hinzusetzen. Wahrscheinlich soll er jedoch nicht nur seinen Po kurz auf dem Boden absetzen, sondern auch mal länger sitzen bleiben. Dies könnte beispielsweise der Fall sein, wenn du zu Hause Besucher empfängst oder du dich während eines Gassigangs mit jemandem auf der Straße unterhalten möchtest.

IST DEIN WELPE BEREIT?

Diese Übung kannst du ausführen, wenn dein Welpe wach und motiviert ist, Futter von dir zu nehmen.

DAS BRAUCHST DU

Klein geschnittene Stufe-2-Leckerchen, griffbereit in deiner Leckerchentasche oder in einem Becher. Diese Leckerchen können ruhig etwas größer oder fester sein, sodass dein Kleiner einige Zeit darauf zu kauen hat. Das hilft ihm, länger sitzen zu bleiben.

LOS GEHT'S

1. Nimm fünf bis zehn Leckerchen in die Hand und erteile deinem Welpen das »Sitz«-Signal. Sobald er sitzt, sagst du dein Lobwort (»Yes«) und gibst ihm ein Leckerchen.
2. Nachdem du das erste Leckerchen gegeben hast, wartest du eine Sekunde und gibst deinem Welpen noch mal eines, wartest wieder eine Sekunde und gibst ihm erneut eines usw., bis du keine Leckerchen mehr hast. Löse dann das Sitzen mit deinem Auflösesignal (»Fertig«) auf. Bei diesem Schritt gibst du also jede Menge Leckerchen in einer so hohen Frequenz aus, dass dein Welpe gar nicht dazu kommt aufzustehen.
3. Wiederhole Schritt 2, warte jetzt aber jeweils zwei Sekunden, bis du das nächste Leckerchen gibst.
4. Wiederhole nun jeweils den vorherigen Schritt und warte jeweils eine Sekunde länger, bis du deinem Welpen ein Leckerchen gibst. So steigerst du nun langsam und Schritt für Schritt die Sitzdauer.

Mein Tipp: Wechsle immer wieder ab: Nach ein paar Wiederholungen, bei denen dein Welpe länger wartet, baust du eine schnellere Leckerchenfrequenz ein. Sei variabel mit der Menge an Leckerchen, die du austeilst. Trainiere manchmal mit fünf Häppchen, manchmal mit sieben und dann auch mal mit 15 Stück hintereinander. So bleibt dein Training spannend.

IN RUHE STARTEN

»Alles mit der Ruhe«, so könnte man die Devise dieser Übung betiteln. Hierbei lernt dein Welpe, sich in neuen Situationen zunächst einmal ganz entspannt hinzusetzen und sich alles in Ruhe anzusehen.

WOZU DIE ÜBUNG?

In potenziell aufregenden Situationen entspannt zu bleiben, ist eine der leichtesten und gleichzeitig eine der wichtigsten Übungen überhaupt. Wenn du beispielsweise mit deinem Welpen spazieren gehst oder einen Ausflug im Auto unternimmst oder wenn Leute zu Besuch kommen, dann ist das für den Kleinen wahnsinnig aufregend. Startet dein Welpe aber bereits aufgeregt in diese jeweiligen Situationen, führt das dazu, dass er sie zwar entsprechend toll findet, sie aber aufgeregt abspeichert. In der weiteren Folge wird er wildes Verhalten zeigen. An ein ruhiges Sitzen im Auto oder Spazierengehen im Park ist in so einer Erregungslage dann kaum mehr zu denken. Achte also darauf, dass du stets entspannt in eine neue Situation startest und es sich für deinen Welpen lohnt! So bekommst du auch einen entspannten Hund.

DAS BRAUCHST DU

Viele klein geschnittene Stufe-2- oder Stufe-3-Leckerchen, griffbereit in deiner Leckerchentasche, sowie eine Knabberstange oder einen gefüllten Kong

RUHIG AUS DER TÜR GEHEN

Der Spaziergang startet mit dem Hinausgehen aus der Haustür, deswegen beginnt genau an diesem Ort auch schon das Training.

1. Nachdem du deinen Welpen angeleint hast, gehst du mit ihm zur Haustür und positionierst ihn dort so, dass du die Tür öffnen kannst. Gib ihm mehrere Leckerchen hintereinander. Dein Welpe soll lernen, hier auf dich zu achten.
2. Jetzt drückst du mit der einen Hand die Türklinke herunter, während du deinem Hundekind mit der anderen Hand ein Leckerchen gibst.
3. Du öffnest die Tür mit der einen Hand, während du dem Hund mit der anderen Hand wieder ein Leckerchen gibst.

1. Gib deinem Welpen für das ruhige Warten gleich mehrere Leckerchen hintereinander.

2. Türe öffnen bedeutet Leckerchen für das ruhige Warten.

3. Mit einer klaren Handgeste lockst du deinen Welpen vor die Tür.

4. Auch vor der Tür gibt es wieder tolle Leckerchen für ruhiges Warten.

4. Sobald die Tür offen ist, gibst du wieder ein Leckerchen. Dein Welpe lernt: Auch wenn die Tür aufgeht, warte ich ruhig auf die Belohnung.
5. Locke deinen Welpen nun mit einem Leckerchen aus der Haustür und gib es ihm vor der Haustür.
6. Draußen auf der Straße bleibst du erst einmal ruhig stehen und gibst deinem Welpen zwei bis drei Leckerchen hintereinander. Dein Welpe soll draußen vor der Tür erst einmal ruhig ankommen.
7. Jetzt erteilst du deinem Welpen dein Freizeichen und signalisierst ihm somit, dass er losgehen darf.

Bald wirst du immer weniger Leckerchen geben müssen, während dein Welpe ruhig mit dir aus dem Haus geht.

AN UNBEKANNTEN ORTEN ANKOMMEN

Wenn du bei jemandem zu Besuch bist, im Park oder auf der Hundewiese ankommst, machst du stets Folgendes:

1. Nimm drei Leckerchen und gib sie dem Hund hintereinander. Er lernt so, sich erst einmal dir zuzuwenden.
2. Locke nun deinen Welpen in die »Sitz«-Position und belohne ihn mit mehreren Leckerchen hintereinander – so lange, bis der Kleine merklich ruhiger wird. Das kann eine halbe Minute dauern oder auch fünf Minuten. Wichtig ist, dass der Hund ruhig und entspannt dabei wird und lernt, dass sich das richtig für ihn lohnt.
3. Löse als Nächstes dein »Sitz« mit dem Auflösezeichen auf. Der Hund darf nun die Umgebung erkunden.

1. Dein Welpe lernt, ruhig zu sitzen, lohnt sich für ihn.

2. Mit einem klaren Auflösesignal weiß dein Hundekind, wann es weitergeht.

Du wirst schnell merken: Wenn du dieses Ritual bei jedem Ankommen an unbekannten Orten beachtest, wird dein Welpe immer schneller entspannt sein, und du wirst mit der Zeit immer weniger Leckerchen benötigen.

AUS DEM AUTO AUSSTEIGEN

Eine Autofahrt führt meist zu aufregenden, neuen Orten, und so entsteht beim Aussteigen oft eine gewisse Aufregung. Damit dein Welpe von Anfang an entspannt bleibt und ruhig aussteigt, übst du das von der ersten Autofahrt an.

1. Öffne die Autotür und gib dem Hund eine Handvoll Leckerchen.
2. Locke ihn mit einem Leckerchen in die »Sitz«-Position und gib ihm drei bis fünf Leckerchen hintereinander. Dein Welpe soll lernen: Wenn die Autotür aufgeht, gibt es ganz tolle Belohnungen. Es lohnt sich also, im Auto zu bleiben und ruhig zu warten.
3. Jetzt wird dein Welpe vermutlich ziemlich gelassen dasitzen, und du kannst ihn aus dem Auto heben oder ihn selbst aussteigen lassen. Ist dein Welpe noch nicht entspannt, übe Schritt 2 etwas länger. Gegebenenfalls kannst du dem Hund auch eine Knabberstange geben und mit ihm eine Zeit lang ganz entspannt im Auto bleiben.

Wie du siehst, lässt sich ruhiges Ankommen gar nicht so schwierig trainieren. Wichtig ist nur, dass du stets daran denkst und diese Vorgehensweise von Anfang an zur Gewohnheit werden lässt: Alles startet mit Ruhe!

1. Gib dem Hund jede Menge tolle Leckerchen, sobald du die Autotür öffnest.

2. Belohne deinen Welpen für das ruhige Warten im Auto.

3. Hebe den Kleinen behutsam aus dem Auto.

DEN WELPEN STOPPEN

Bei dieser Übung, die auch als sogenannter positiver Verhaltensunterbrecher bezeichnet wird, hört dein Hundekind auf dein Kommando hin sofort mit dem auf, was es gerade macht, und sieht dich an.

WOZU DIE ÜBUNG?

Selbst wenn du alle Vorkehrungen getroffen hast, wird dein Welpe manchmal etwas tun, was er nicht soll. Um ihn dabei zu stoppen, gibt es den sogenannten Verhaltensunterbrecher. Er ist sozusagen die Notbremse, um den Hund aus problematischen Situationen zu bringen, ohne ihn dabei aber einschüchtern oder an der Leine zerren zu müssen. Dieses Signal kannst du immer dann verwenden, wenn dein Vierbeiner etwas macht, was du nicht willst, und er schnell zu dir kommen soll. Mögliche Beispiele sind, dass er etwas annagt, was gefährlich ist, er auf das Sofa gesprungen ist, was du nicht duldest, oder du ihn beim Spaziergang daran hindern willst, zu einer unappetitlichen Stelle zu laufen. Verwende dafür am besten ein Wort, das kurz und prägnant klingt, beispielsweise »Ui-ui« oder »Hierher«.

IST DEIN WELPE BEREIT?

Diese Übung kannst du ausführen, wenn dein Welpe wach und motiviert ist, Futter von dir zu nehmen.

DAS BRAUCHST DU

Klein geschnittene Stufe-3-Leckerchen, griffbereit in deiner Leckerchentasche oder in einem Becher.

LOS GEHT'S

Diese Übung ist für deinen Welpen nicht ganz so einfach zu lernen. Sie besteht aus mehreren Bausteinen, die dich sanft auf das große Ziel hinführen: den Welpen zu stoppen, was immer er gerade macht.

1. Bedeutung des Wortes lernen

Starte am besten im Wohnbereich, wo dein Welpe nicht zu stark abgelenkt ist. Stelle dich entspannt neben ihn hin, rufe freundlich dein Wortsignal und gib ihm danach gleich ein Leckerchen aus deiner Hand direkt vor seiner Schnauze. Warte ein paar

1. Sag dein Stoppsignal und gib dem Hund sogleich tolle Leckerchen.

2. Gib dein Signal, warte, bis der Welpe dich ansieht, und belohne das.

3. Gehe nun immer weiter von deinem Welpen weg und sag dein Signal.

4. Übe das Signal in ganz verschiedenen Situationen.

Sekunden und wiederhole die Aktion Signal – Leckerchen. Sprich dazwischen nicht mit dem Hund. Wiederhole diesen Schritt fünf bis zehn Mal. Es ist ganz egal, was dein Welpe dabei macht, es geht zunächst nur darum, dass er das Wort mit etwas Tollem verknüpft.

2. Auf das Signal reagieren
Rufe laut dein Signal und warte eine Sekunde darauf, dass sich dein Hund zu dir umdreht. Macht er das, sagst du dein Lobwort und gibst ihm ein Leckerchen. Wiederhole diesen Schritt fünf bis zehn Mal. Wenn sich dein kleiner Liebling nicht zu dir umdreht, wiederhole den vorherigen Schritt mehrere Male oder verwende bessere Leckerchen.

3. Distanz aufbauen
Stelle dich zwei Meter von deinem Hund entfernt hin und rufe dein Signal. Sobald sich dein Welpe zu dir umdreht, sagst du dein Lobwort und belohnst ihn. Wiederhole diesen Schritt und starte dabei jedes Mal etwas weiter von deinem Hund entfernt.

Mein Tipp: Gib immer wieder zwei oder drei Leckerchen hintereinander. So läuft dein Hund nicht gleich wieder davon.

4. Üben an verschiedenen Orten
Du hast das gewünschte Verhalten aufgebaut. Dein Welpe kommt zu dir gerannt, wenn er das Abbruchsignal hört. Nun geht es darum, dieses Verhalten in verschiedenen Situationen zu üben. Baue es immer wieder in den Alltag ein: im Wohnzimmer, in der Küche, im Hausflur …

5. Üben unter leichter Ablenkung
Im nächsten Schritt geht es darum, dass du deinen Hund von interessanten Situationen wegholst. Lege einen Gegenstand auf den Boden und lass ihn diesen beschnuppern. Wähle einen Gegenstand, der nicht besonders interessant für deinen Hund ist. Nun rufst du dein Signal, und sobald er sich von dem Gegenstand ab- und dir zuwendet, sagst du dein Lobwort und belohnst ihn mit einem Leckerchen. Danach lässt du ihn wieder zu dem Objekt hinlaufen, wenn er will. Dein Hund soll lernen, dass er, sobald er dich ansieht und belohnt wurde, wieder zu dem Objekt zurück darf. Er soll also keine Angst haben, dass der »Spaß« vorbei ist.

6. Üben unter starker Ablenkung
In der weiteren Folge kannst du das Signal unter immer schwereren Ablenkungen trainieren. Mittel-

schwere Ablenkungen sind beispielsweise eine Kaustange oder sein Lieblingsspielzeug, zu den ganz besonders starken Ablenkungen zählen etwa ein gefüllter Kong, ein Schnüffelteppich oder gar ein anderer Mensch.

7. **Verhalten umlenken**
   Wenn du deinen Hund mit deinem Signal aus einer Problemsituation wegbringst, ist es wichtig, dass du ihm danach ein Alternativverhalten zeigst. Ansonsten läuft er unter Umständen wieder an die Stelle, an der er nicht nagen soll, kaut am Kabel oder springt den Besuch an. Überlege dir also stets, was der Hund STATTDESSEN tun soll. Wenn dein Welpe beispielsweise auf dem Sofa war, könntest du ihn auf sein Bettchen locken und ihn dort belohnen.

8. **Leckerchen abbauen**
   Mit der Zeit kannst du anstelle der Leckerchen auch andere Belohnungen einsetzen: zum Beispiel dem Welpen eine Knabberstange geben, mit ihm ein Ballspiel machen oder ihn an eine interessante Schnüffelstelle führen. Hier gilt: Je interessanter die Stelle ist, von der du deinen Welpen entfernen willst, desto toller muss die Belohnung sein!

STOLPERSTEINE

Das Signal des Verhaltensunterbrechers ist positiv verknüpft. Dein Hundekind soll schließlich gern zu dir kommen, sobald es dieses Signal hört. Wenn du es jedoch nur in Situationen verwendest, in denen der Welpe unerwünschtes Verhalten zeigt, kann es dazu führen, dass er absichtlich genau dieses eigentlich unerwünschte Verhalten anbietet, nur um deine Aufmerksamkeit zu bekommen und gegebenenfalls abgerufen und von dir belohnt zu werden.

Achte also darauf, dass du das Signal nicht nur dann rufst, wenn dein Welpe etwas Unerwünschtes macht, sondern du es immer wieder »trocken« übst – das heißt in Situationen, in denen dein Hund sich richtig verhält und du das Signal normalerweise nicht verwendest. Schließlich solltest du stets den Fokus auf dem richtigen Verhalten deines Vierbeiners haben und dieses belohnen. Übe das Signal beispielsweise auch zu Hause, wenn dein Welpe ruhig daliegt, oder unterwegs, wenn dein kleiner Liebling gerade an etwas Interessantem schnüffelt.

RUHIG AUF FUTTER WARTEN

Ziel des Trainings ist es, dass dein Hundekind lernt, ruhig und entspannt auf sein Futter zu warten, während du es zubereitest. Diese Übung erweist sich als besonders hilfreich für all jene Welpen, die es kaum erwarten können zu fressen.

WOZU DIE ÜBUNG?

Für viele Welpen ist die Fütterung äußerst aufregend. Das zeigen sie durch Herumhüpfen, Bellen, Hochspringen und generell wildes Verhalten an. Das ist nicht nur nervig, sondern auch für weitere Übungen ein Hindernis. Einen Hund, der beim Anblick von Futter in einen hohen Erregungszustand gerät, im Training mit Leckerchen zu belohnen, ist äußerst schwierig. Damit dein Welpe also lernt, ruhig und entspannt auf sein Futter zu warten, übst du das von Anfang an. Du wirst merken: Es ist nicht schwierig und schnell erlernt.

IST DEIN WELPE BEREIT?

Wenn dein Hundekind entspannt ist, kann das Training beginnen. Gehe diese Übung nicht an, wenn dein vierbeiniger Liebling schon erregt ist und möglicherweise schon bellend oder gar umherspringend auf sein Futter wartet.

DAS BRAUCHST DU

Das Futter deines Welpen sollte bereits in seinen Fressnapf eingefüllt sein. Hier erweist sich Trockenfutter als wesentlich praktischer, aber mit Feuchtfutter lässt sich ebenso gut trainieren. Deine Hände werden jedoch wesentlich schmutziger dabei.

LOS GEHT'S

1. Nimm ein paar Futterstücke aus dem Napf in die Hand und gib sie deinem Welpen. Er darf dabei stehen oder sitzen. Es geht nur darum, dass der Kleine lernt: Er muss gar nicht so wild springen oder bellen, denn das Futter kommt zu ihm! Wiederhole diesen Schritt mehrere Male.
2. Sobald dein Welpe entspannt auf die nächsten Futterstücke wartet, stellst du ihm den Napf hin.
3. Wiederhole dies nun bei jeder Fütterung. Am Anfang gibst du ihm tendenziell mehr Futter aus deiner Hand als aus dem Napf. Ziel ist, dass während der Futterzubereitung

1. Gib deinem Welpen Futter aus dem Napf.

2. Wiederhole diesen Schritt einige Male.

3. Wenn dein Welpe ganz entspannt auf das nächste Futterstück wartet, stelle den Napf vor ihn hin.

keinerlei Spannung aufgebaut wird und du deinem Welpen zeigst, dass sich das Warten lohnt. Schließlich bekommt der Hund immer wieder etwas, während er wartet. Mit der Zeit gibst du immer weniger Futterstücke aus der Hand und belässt immer mehr im Napf – bis du ihn komplett aus dem Napf fütterst.

Wie du siehst, ist das RUHIGE Warten auf den Futternapf gar nicht so schwierig zu trainieren. Beachte dies schon bei deinen ersten Fütterungen, und du wirst schnell einen entspannten und vor allem ruhigen Hund am Futternapf erleben, der auch ganz entspannt frisst.

Übrigens: Ein alter Mythos in der Hundewelt ist der, dass man dem Vierbeiner seinen Napf regelmäßig wegnehmen sollte, damit er sich daran »gewöhnt« und den Napf nicht zu verteidigen beginnt. Diese Vorgehensweise erzeugt leider oft erst ein Problem, das es so gar nicht geben würde. Denn wenn du ihm nie Futter wegnimmst, geht dein Welpe auch nicht davon aus, dass du an seinem Fressen interessiert bist.
Gib ihm also im Gegenteil immer wieder Nachschlag in seinen Napf, sodass er lernt: Wenn du kommst, gibt es noch mehr – es ist also etwas Tolles, wenn du an seinen Napf gehst.

BRUSTGESCHIRR ANLEGEN

Viele Welpen mögen es nicht, wenn sie das Brustgeschirr über den Kopf gezogen bekommen. Damit dir das nicht passiert, lernt dein Hundekind bei dieser Übung, das Anziehen zu lieben.

WOZU DIE ÜBUNG?

Das Anziehen des Brustgeschirrs gehört von Anfang an zum Alltag mit einem Welpen, doch die meisten kleinen Hunde verabscheuen es, dass sie so ein komisches Ding über den Kopf gezogen bekommen. Oft geschieht dies auch noch hektisch und in Eile, weil der Welpe schnell hinausmuss – was dazu führt, dass es der Hund noch weniger mag. Nicht selten führt es dazu, dass der Kleine schon beim bloßen Anblick des Brustgeschirrs davonläuft und sich versteckt. Damit dir das nicht passiert, übst du das Anlegen von Anfang an und in sehr kleinen Schritten. Du wirst sehen, es dauert nicht lang, und dein Welpe liebt das Brustgeschirr.

IST DEIN WELPE BEREIT?

Diese Übung kannst du ausführen, wenn dein Welpe wach und motiviert ist, Futter von dir zu nehmen.

DAS BRAUCHST DU

Du benötigst ein Brustgeschirr, in das der Hund leicht hineinschlüpfen kann, sowie Stufe-2-Leckerchen oder eine Futtertube.

LOS GEHT'S

Um die Abneigung des Hundekinds vor der seltsamen Gerätschaft zu überwinden, empfehle ich dir, äußerst geduldig vorzugehen. So gelingt dir die Gewöhnung ans Brustgeschirr.

1. **Brustgeschirr = Leckerchen**
   Nimm das Brustgeschirr in die eine Hand und in die andere das Leckerchen. Stelle dich nun in die Nähe deines Welpen. Zeige ihm auf seiner Kopfhöhe das Brustgeschirr und eine halbe Sekunde später das Leckerchen in der anderen Hand. Dieses gibst du ihm dann sofort. Tritt einen halben Meter zurück und wiederhole den ersten Übungsschritt mehrere Male: Du zeigst ihm das Brustgeschirr und gibst ihm ein Leckerchen.

1. Halte das Brustgeschirr in der Hand und gib dem Hund ein Leckerchen.

2. Halte das Leckerchen durch die Kopföffnung.

3. Halte das Leckerchen so weit hinten an der Kopföffnung, dass dein Welpe seinen Kopf schon ganz durchsteckt.

4. Schließe die Schnallen vorsichtig.

5. Belohne deinen Welpen mit jeder Menge Leckerchen, sobald er das Brustgeschirr trägt.

Besonders wichtig dabei ist: Lass stets deinen Welpen zu dir laufen. Nicht das Brustgeschirr kommt zum Hund, sondern der Hund kommt zum Brustgeschirr! Sobald dein Welpe freudig zu dir geht, wenn du ihm das Brustgeschirr zeigst, ist es Zeit für Schritt 2.

2. **Leckerchen im Brustgeschirr**
   Strecke dem Hund das Geschirr auf Kopfhöhe hin, während du mit der anderen Hand das Leckerchen in der Kopföffnung hältst. Warte, bis dein Welpe von sich aus zu dir kommt und sich das Leckerchen abholt.

3. **Kopf durch das Brustgeschirr**
   Tritt einen halben Meter zurück und wiederhole diesen Übungsschritt mehrere Male. Halte mit jedem Mal das Leckerchen immer näher bei dir und damit weiter vom Brustgeschirr entfernt, sodass dein Welpe seine Schnauze immer tiefer durch die Kopföffnung stecken muss, um an den Happen zu kommen. Wiederhole dies so lange, bis der Hund seinen Kopf vollständig durchsteckt.

4. **Kopf im Brustgeschirr**
   Nimm gleich mehrere Leckerchen in die Hand oder eine Futtertube, sodass du deinen Welpen länger belohnen kannst. Lass ihn mit dem Kopf durch die Kopföffnung schlüpfen und gib ihm dafür ein Leckerchen. Reiche ihm nun gleich mehrere Leckerchen hintereinander oder halte ihm die Futtertube hin, sodass er in der Kopföffnung bleibt. Am Schluss ziehst du das Brustgeschirr vorsichtig weg. Dein Welpe soll traurig sein, dass das tolle Brustgeschirr »weggeht«. Wiederhole diesen Schritt ebenfalls mehrere Male.

5. **Brustgeschirr am Körper**
   Halte das Brustgeschirr so hin, dass dein Welpe mit seinem Kopf hindurchschlüpft, und belohne ihn mit mehreren Leckerchen hintereinander oder der Futtertube. Lege dabei das Brustgeschirr auf dem Rücken deines Hundekinds ab. Belohne ihn nun mit jeder Menge toller Leckerchen. Dein Welpe soll es lieben, das Brustgeschirr auf seinem Körper zu spüren.

6. **Brustgeschirr anziehen**
   Wieder lockst du deinen Kleinen in das Brustgeschirr und legst es auf seinen Rücken, während du ihn belohnst. Jetzt kommt der schwierige Teil – die Schnallen schließen: Wirf dafür ein paar Leckerchen auf den Boden, sodass dein Welpe damit beschäftigt ist, diese zu fressen.

Währenddessen schließt du beide Schnallen sanft. Achte darauf, dass dies kein lautes Klickgeräusch erzeugt. Sobald du das Brustgeschirr geschlossen hast, belohnst du den Hund fürstlich für einige Sekunden. Dann öffnest du die Schnallen wieder, nimmst ein Leckerchen in die Hand und hältst es deinem Welpen hin, während du ihm das Brustgeschirr behutsam über den Kopf ziehst. Gehe dabei sehr vorsichtig vor, denn viele Hunde mögen das Über-den-Kopf-Ziehen des Brustgeschirrs überhaupt nicht.
Wiederhole diesen Schritt immer wieder. Nutze dazu gerade zu Beginn viele tolle Leckerchen, bis du merkst, dass du und dein Welpe immer routinierter werdet. Schritt für Schritt gibst du nun immer weniger Leckerchen, bis du nach einigen Wochen gar keine mehr benötigst, weil dein Welpe gelernt hat: Nach dem Brustgeschirranziehen gehen wir hinaus und haben eine tolle Zeit.

STOLPERSTEINE

Bei den meisten Welpen klappt das Anziehen des Brustgeschirrs relativ schnell problemlos. Es gibt aber Hunde, die hierbei sensibler sind. Bei ihnen kann es vorkommen, dass sie, obwohl das Anziehen schon mal geklappt hat, plötzlich Meideverhalten zeigen. Der Grund dafür können mehrere mögliche Fehlerquellen sein:

- Brustgeschirr zum Welpen: Möglicherweise bewegst du das Geschirr auf deinen Kleinen zu, vielleicht sogar recht vehement. Das könnte ihn erschrecken. Achte darauf, dass stets dein Hund zum Brustgeschirr kommt und nicht umgekehrt.
- Zu enge Kopföffnung: Vielleicht ist die Kopföffnung zu eng. Gerade wenn der Welpe wächst, passiert es schnell, dass das Geschirr zu eng und damit unangenehm wird. Stell das Geschirr also regelmäßig weiter ein.
- Falsches Brustgeschirr: Möglicherweise fühlt sich dein Hund schlichtweg nicht wohl mit deinem Modell. So kann es sein, dass es vielleicht reibt, das Material unangenehm oder zu dick ist und dadurch deinen Welpen unnötig einschränkt. In so einem Fall empfehle ich ein besonders leichtes Geschirr.
- Schnallen klicken zu laut beim Schließen: Gerade sensible Hunde haben oft Angst vor Klickgeräuschen. Achte daher darauf, dass du die Schnallen bewusst leise schließt.

DIE MAGNETHAND

Diese Übung ist ein unschätzbares Hilfsmittel, um den Alltag zu bewältigen, und daher ein Must-do! Der Welpe lernt dabei, deiner Hand zu folgen. Ob zu Hause oder beim Spaziergang – mit der Magnethand kannst du deinen Hund »lenken«.

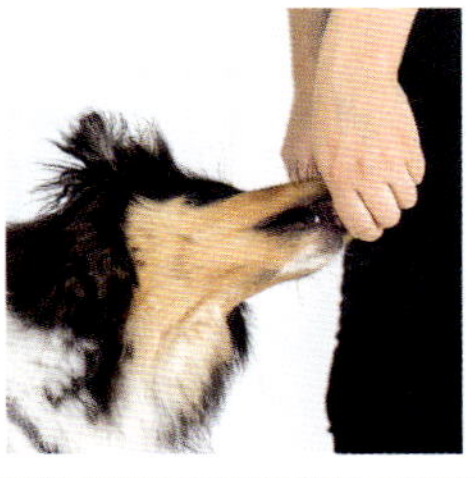

WOZU DIE ÜBUNG?

Wenn dein Hund mit seiner Schnauze deiner Hand folgt, hast du die Kontrolle über ihn und kannst ihn überallhin führen. Insbesondere wenn dein Welpe in einer Situation stark abgelenkt sein sollte und auf nichts reagiert, funktioniert die Magnethand fast immer. Daher ist diese Übung ein echter Lifesaver im Alltag mit deinem Welpen.

IST DEIN WELPE BEREIT?

Die Übung kannst du ausführen, wenn dein Welpe wach und motiviert ist, Futter von dir zu nehmen.

DAS BRAUCHST DU

Klein geschnittene Stufe-2-Leckerchen, griffbereit in deiner Leckerchentasche oder in einem Becher. Idealerweise verwendest du dafür besonders stark riechende Leckerchen. So gelingt es dir leichter, deinen kleinen Liebling sogar aus besonders schwierigen Situationen herauszulotsen.

LOS GEHT'S

1. Der Hand folgen lernen

Halte deinem Hund ein Leckerchen vor seine Schnauze, lass ihn daran riechen und gib es ihm dann. Halte ihm gleich danach ein weiteres Leckerchen vor die Nase, ziehe es langsam zehn Zentimeter weiter auf seiner Schnauzenhöhe, sodass er dem Leckerchen nachgeht, und gib es ihm dann. Bewege die Hand so langsam, dass dein Hund mit der Nase förmlich am Leckerchen »kleben« bleibt. Wiederhole diesen Schritt fünf Mal. Falls der Kleine sitzen bleibt und dem Leckerchen nicht nachgeht, warte ein paar Sekunden. Die meisten Hunde laufen dem Leckerchen nach. Falls das immer noch nicht hilft, verwende ein hochwertigeres, stärker duftendes Leckerchen. So einem Häppchen können die wenigsten Welpen widerstehen.

1. Lass deinen Welpen zehn Zentimeter deiner Hand folgen, bevor du ihm das Leckerchen gibst.

2. Gehe bei jedem Schritt etwas weiter mit deinem Hund an der Magnethand.

3. Führe deinen Vierbeiner im Halbkreis um dich herum.

4. Übe die Magnethand an verschiedenen Ablenkungen.

2. Längere Strecken an der Hand gehen
Halte dem Hund das Leckerchen vor die Schnauze, ziehe die Hand 20 Zentimeter weiter und gib ihm das Leckerchen. Wiederhole diesen Schritt gleich darauf, ziehe diesmal die Hand aber 30 Zentimeter weiter. Wiederhole diesen Schritt fünf Mal und ziehe die Hand dabei jeweils zehn Zentimeter weiter. Du kannst die Strecken nun schrittweise immer weiter ausdehnen. Die Regel lautet: Am Schluss bekommt dein Welpe immer das Leckerchen!

3. Halbkreis gehen
Halte dem Hund das Leckerchen vor die Nase und ziehe die Hand in einem Halbkreis um dich herum. Übe diesen Schritt abwechselnd sowohl mit der linken als auch mit deiner rechten Hand.

4. Von Ablenkungen weglotsen
Jetzt übst du den realen Einsatz, denn schließlich willst du deinen Welpen mit diesem Signal aus bestimmten Situationen herauslocken. Lege dem Hund einen spannenden Gegenstand hin und lass ihn das Objekt erkunden. Hole nun ein Stufe-3-Leckerchen hervor und locke ihn damit von dem Objekt weg. Nachdem dein Welpe das Leckerchen gefressen hat, lass ihn wieder zu dem Objekt hinlaufen, wenn er will. Denn er soll lernen: Mit dir zu kooperieren, bedeutet nicht, dass der Spaß damit vorbei ist! Du kannst diese Übung nun immer wieder im Alltag einbauen, wenn dein Welpe sich mit etwas beschäftigt. Je stärker die Ablenkung, desto toller muss dein Leckerchen sein, mit dem du ihn weglotst.

5. Magnethand verheißt noch viel mehr Spaß
Überlege dir nun spannende und für den Welpen überaus attraktive Aktivitäten, die du nach dem Üben der Magnethand mit ihm ausführst. Wirf beispielsweise sehr leckere Häppchen ins Gras oder lauf danach mit deinem Hundekind um die Wette. Dein Welpe soll lernen: Mit dir zu kooperieren, lohnt sich!

EINSATZ UNTERWEGS

Die Magnethand kannst du unterwegs in den unterschiedlichsten Situationen einsetzen. Beispiele dafür gibt es viele: wenn dein Welpe etwa einen anderen Hund anstarrt, er an einer Person hochspringen will oder du einfach möchtest, dass er von einer Ablenkung ablässt und mit dir weitergeht.

AUSGEBEN LERNEN

Bei dieser Übung lernt dein Welpe, alles auszuspucken, was er gerade im Maul trägt. Auf dein Kommando »Gib's mir« hin sollen ihm reflexartig die Kiefer auseinandergehen, und er soll den Gegenstand fallen lassen.

WOZU DIE ÜBUNG?

Das Ausgeben – also das Loslassen des Objekts, das der Hund gerade im Maul trägt – wirst du im Alltag vermutlich sehr oft brauchen. Welpen nehmen gefühlt alles ins Maul, was sie finden – ganz egal, ob sie zu Hause oder unterwegs sind. Damit du diese Dinge unversehrt wiederbekommst, brauchst du ein wirksames Ausgebe-Signal.

IST DEIN WELPE BEREIT?

Diese Übung kannst du ausführen, wenn dein Welpe wach und motiviert ist, Futter von dir zu nehmen.

DAS BRAUCHST DU

Klein geschnittene Stufe-3-Leckerchen, griffbereit in deiner Leckerchentasche oder in einem Becher, Spielsachen, die dein Hund interessant findet, sowie Kaumaterialien. Beginne die Übung in einem ablenkungsfreien Zimmer.

LOS GEHT'S

1. Bedeutung des Wortes lernen

Nimm drei bis vier Leckerchen in die Hand und stelle dich damit ruhig neben deinen Welpen. Nach einigen Sekunden rufst du enthusiastisch »Gib's mir«. Warte eine halbe Sekunde, lege dann die Leckerchen vor dir auf den Boden und tu so, als hättest du einen Schatz gefunden. Sobald dein Hund neugierig zu dir gerannt kommt, um zu sehen, was er da verpasst, lass ihn die Leckerchen fressen. In diesem ersten Schritt soll er also lernen: Wenn mein Mensch »Gib's mir« ruft, »findet« er etwas ganz besonders Spannendes und Tolles.

Wiederhole diesen Schritt einige Male: Gehe dafür ein, zwei Meter weiter im Raum, rufe erneut »Gib's mir«, und »finde« wiederum ganz fantastische Leckerchen.

Wenn dein Welpe, sobald du »Gib's mir« rufst, zu dir gelaufen kommt, seid ihr bereit für Schritt 2.

2. Ausgeben lernen
Nun lässt du im Raum verschiedene Spielsachen liegen, mit denen sich dein Welpe beschäftigen darf. Diese sollten für ihn interessant sein, jedoch nicht seine Lieblingsspielsachen umfassen. In der Hand hältst du wieder verführerischste Leckerchen. Stelle dich in die Nähe deines Hundes, rufe »Gib's mir« und lege wieder ein paar Leckerchen vor dir auf den Boden, die dein Welpe fressen darf. Danach gehst du einfach einen Meter weiter und wiederholst diesen Schritt mehrere Male.

3. Ausgeben von begehrten Objekten
Nun lässt du immer tollere Gegenstände im Raum liegen, mit denen sich der Hund beschäftigt. Gehe immer wieder an ihm vorbei, rufe dann »Gib's mir« und lass ihn die Leckerchen fressen. Das kannst du immer wieder über den Tag verteilt machen, wenn der Hund sich gerade mit einem Spielzeug oder einer Kaustange beschäftigt. Wichtig dabei ist allerdings, dass du dich nicht dem Objekt widmest, das der Kleine gerade im Maul hat. Er soll deinen Plan nicht durchschauen. Niemand will ihm etwas wegnehmen – du findest nur »zufällig« gerade etwas sehr viel Besseres!

4. Kreativ belohnen
Du kannst die Belohnungen nun abwechseln. Lege ab und zu statt Leckerchen eine Kaustange oder das Lieblingsspielzeug deines Welpen hin. Oder du gibst dem Kleinen die Leckerchen direkt aus der Hand, anstatt dass er sie vom Boden aufschnappt. Überlege dir spannende Dinge, mit denen du dein Hundekind bei dieser Übung überraschst. Je toller und überraschender diese sind, desto eher wird der Kleine alles stehen und liegen lassen, um mit dir »den Schatz zu bergen«.

5. Anwenden und auffrischen
Jetzt geht es darum, das Erlernte im realen Leben umzusetzen. Wende dein »Gib's mir« immer dann an, wenn dein Welpe etwas im Maul hat, das er nicht haben sollte. Genau für diese Situation hast du es schließlich trainiert! Wichtig ist hierbei allerdings: Frische die Übung immer wieder auf, sodass du sie nicht nur dann anwendest, wenn dein Welpe etwas Verbotenes im Maul hat, sondern auch mal, wenn er nichts im Maul hat und nichts Unerwünschtes macht. Du riskierst ansonsten, dass er lernt, absichtlich Dinge ins Maul zu nehmen, weil danach dieses lustige Spiel kommt.

1. Sag »Gib's mir« und wirf tolle Leckerchen auf den Boden.

2. Gehe weiter und wiederhole die Übung.

3. Trainiere dein Aus-Signal an einfachen Ablenkungen.

4. Übe dein Signal immer wieder, wenn dein Welpe etwas im Maul hat.

»PLATZ«

Dein Welpe lernt, sich auf dein Signal hinzulegen und genau an der Stelle liegen zu bleiben, bis du dein Auflösezeichen gibst. Für den Aufbau gibt es zwei Trainingswege. Wähle denjenigen, mit dem deinem Hund das Liegen am leichtesten fällt.

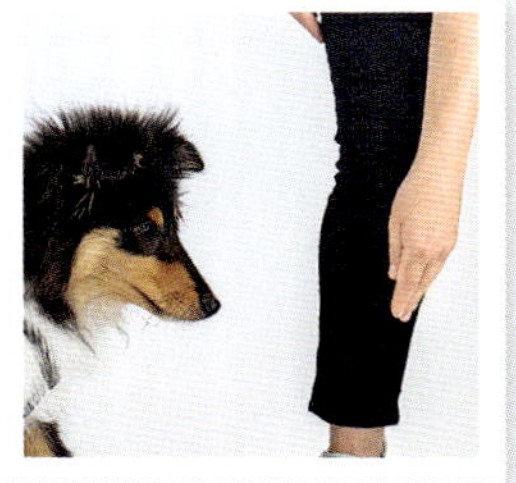

WOZU DIE ÜBUNG?

Ob du mit deinem Welpen im Restaurant oder bei jemandem zu Besuch bist – es gibt zahlreiche Situationen, in denen dein Hund für längere Zeit ruhig liegen bleiben soll. Das ruhige Liegenbleiben ist außerdem äußerst praktisch bei Körperpflegemaßnahmen wie Krallenschneiden oder Bürsten.

Ein länger ausgeführtes »Platz« gehört zu den Ruheübungen und ist daher eine ideale Möglichkeit, dem Hund zu helfen, zur Ruhe zu finden. Allerdings ist es wichtig zu verstehen, dass genau das vielen Welpen schwerfällt, denn sie sind nicht dafür gemacht, ruhig herumzuliegen. Im Gegenteil: In der freien Natur würde sich längeres Herumliegen für sie nicht lohnen. Gehe daher bei dieser Übung kleinschrittig vor und ganz besonders großzügig mit Belohnungen um. Dein Welpe soll hier lernen: Es lohnt sich, »nichts« zu tun!

IST DEIN WELPE BEREIT?

Das »Platz« kannst du mit deinem Welpen immer üben, aber am besten klappt es, wenn dein Kleiner bereits etwas entspannter und müde ist. Schließlich muss er »nur« ruhig liegen. Gut wäre es, wenn er »Sitz« schon kennt.

DAS BRAUCHST DU

Klein geschnittene Stufe-1- bis Stufe-2-Leckerchen, griffbereit in deiner Leckerchentasche oder in einem Becher, sowie einen weichen Untergrund, auf dem dein Welpe bequem liegt.

TRAININGSWEG 1

1. Nimm ein Leckerchen in die Hand und locke deinen Welpen damit in die »Sitz«-Position. Lobe ihn und gib ihm das Leckerchen, sobald er sitzt.
2. Als Nächstes nimmst du erneut ein Leckerchen in die Hand, hältst es dem Hund vor die Nase und führst deine Hand langsam zu Boden.
3. Dein Welpe wird sich wahrscheinlich hinlegen, weil er so bequem an das

1. Führe die Nase deines Welpen langsam zu Boden.

2. Ziehe das Leckerchen langsam am Boden entlang, bis dein Hund liegt.

3. Gib ihm mehrmals hintereinander ein Leckerchen in der Liegeposition.

4. Zeige mit einer klaren Handbewegung, dass die Übung abgeschlossen ist.

Leckerchen herankommt. Sobald sein Bauch den Boden berührt, lobe ihn und gib ihm das Leckerchen an dieser Stelle am Boden. Nicht alle Welpen legen sich sofort hin bei dieser Übung. Für sie eignet sich Trainingsweg 2 besser!

4. Hole sofort drei bis vier Leckerchen aus deiner Tasche und gib deinem Kleinen diese schnell hintereinander. Der Welpe soll auf diese Weise eine Jackpot-Erfahrung machen. Er lernt: Wenn ich mich hinlege, regnet es Leckerchen!
5. Beende das Signal mit deinem Auflösezeichen. Gerade beim »Platz« ist es wichtig, dass du das Signal stets auflöst. So weiß dein Welpe, dass er so lange liegen bleiben soll, bis du die Übung beendest.
6. Wiederhole diesen Schritt einige Male, bis der Kleine deiner Hand zügig folgt und sich hinlegt. Nun ist es an der Zeit, aus der Lockhand ein Signal zu machen.
7. Nimm ein Leckerchen so in die Hand, dass es der Hund gerade noch sehen kann. Damit lockst du ihn in die »Platz«-Position. Dort belohnst du ihn und zeigst ihm dann dein Auflösezeichen.
8. Wiederhole diesen Schritt, aber verstecke das Leckerchen so in deiner Hand, dass der Hund das Leckerchen nicht mehr sehen kann. Jetzt hast du kein Leckerchen mehr in deiner Lockhand, doch dein Welpe wird denken, dass da eines ist. Locke ihn nun so ins »Platz«.
9. Lobe ihn, wenn er liegt, hole ein tolles Leckerchen aus deiner Leckerchentasche und belohne ihn.
10. Wiederhole diesen Schritt nun einige Male! Dabei hältst du deine Hand immer weiter oben, bis du nur mehr eine kurze Handbewegung machen musst.

Handsignal plus Wortsignal

Wenn du willst, dass sich dein Welpe auf das Wort »Platz« hinlegt, sagst du einfach, kurz bevor du deine Handbewegung machst, immer »Platz« und wiederholst das mehrere Male. Mit der Zeit wird sich dein Welpe auf das Wort »Platz« bereits hinlegen.
Genau wie für das »Sitz« gilt auch hier: Hunden fällt tendenziell ein Handsignal wesentlich leichter als ein Wortsignal.

TRAININGSWEG 2

Falls sich dein Welpe partout nicht hinlegt, wenn du ihn in die Liegeposition lockst, dann gibt es eine andere gute Möglichkeit, ihm das »Platz« beizubringen. Diese ist für deinen Hund zwar leichter, für dich hingegen aber etwas anstrengender.

1. Setz dich hin und strecke dein Bein so aus, dass dein Welpe darunter durchkrabbeln kann.

2. Locke den Hund unter deinem Bein hindurch.

3. Sobald der Welpe liegt, bekommt er das Leckerchen.

1. Knie dich auf den Boden und stelle ein Bein so auf, dass dein Welpe unter ihm durchkriechen kann. Nimm ein Leckerchen und locke deinen Welpen neben dich hin. Lobe ihn und gib ihm das Leckerchen.
2. Als Nächstes nimmst du erneut ein Leckerchen, hältst es ihm vor die Schnauze und lockst ihn unter dein Bein durch. Dabei streckst du ihm das Leckerchen auf Bodenhöhe hin, behältst es aber weiterhin fest in deiner Hand.
3. Sobald sich dein Welpe hinlegt, lobst du ihn und gibst ihm das Leckerchen genau an dieser Stelle.
4. Strecke nun dein Bein aus und gib deinem Hund das Auflösezeichen.
5. Wiederhole diesen Schritt einige Male. Mit der Zeit positionierst du dein Bein immer steiler, bis du es schließlich gar nicht mehr aufstellst. Dadurch, dass dein Welpe diesen Bewegungsablauf so oft mithilfe deines Beines geübt hat, wird er sich nur mit der Lockbewegung deiner Hand hinlegen. Falls nicht, wiederhole den Schritt mit dem Bein noch einige weitere Male!

»KOMM ZU MIR«

Hier lernt dein Welpe, auf schnellstem Weg zu dir zu laufen, wenn du ihn rufst. Dabei gilt der Grundsatz: Je abwechslungsreicher du das Training gestaltest, desto spannender ist es für deinen Hund. Der Rückruf ist dein Spaßsignal!

WOZU DIE ÜBUNG?

Der Rückruf zählt zu den Signalen, die deinem Vierbeiner mehr Freiheiten gewähren. Schließlich kann ein Hund, der auf Signal zuverlässig zu dir kommt, öfters und in den unterschiedlichsten Situationen ohne Leine laufen. Ich werde dir mehrere Alternativen zeigen, die du am besten immer wieder abwechselnd mit deinem Welpen trainierst. So hältst du die Spannung hoch und machst den Rückruf interessant für deinen Hund. In der Folge wird er größeren Spaß dabei haben, diese wichtige Übung zu trainieren.

IST DEIN WELPE BEREIT?

Den Rückruf übst du am besten, wenn dein Welpe munter und fit ist, denn er soll schließlich lernen, so schnell wie möglich zu dir zu laufen. Mit einem müden Hund hingegen erzielst du nur ein trödeliges Kommen. Falls dein Welpe zu Beginn vielleicht noch etwas ängstlich ist, solltest du lieber noch eine Weile mit dieser Übung warten.

ÜBUNG 1: DIE WELPENSCHLEUDER

Dies ist meine Lieblingsübung für den Rückruf. Dabei lernt dein Welpe, raketengleich zu dir geschossen zu kommen.

DAS BRAUCHST DU

Klein geschnittene Stufe-3-Leckerchen, griffbereit in deiner Leckerchentasche oder in einem Becher. Falls dein Welpe gern mit Spielzeug spielt, halte sein absolutes Lieblingsspielzeug bereit! Verwende für den Rückruf nur die allerbesten Belohnungen! Außerdem brauchst du eine kurze Leine und eine weitere Person zum Helfen, die dein Welpe kennt und mag.

LOS GEHT'S

Starte in einer ablenkungsarmen Umgebung, also am besten bei dir daheim im Wohnzimmer oder in deinem Garten.

1. Die Hilfsperson hält deinen Welpen an der Leine fest, während du ihm seine Belohnung zeigst.

2. Gehe ein paar Meter weg und rufe von dort den Hund zu dir.

3. Die Hilfsperson lässt deinen Welpen zu dir laufen, sobald du ihn gerufen hast.

4. Wenn der Hund bei dir angekommen ist, belohnst du ihn.

1. Leine deinen Welpen an einer kurzen Leine an. Die Hilfsperson hält nun die Leine, während du dem Hund deine Hand mit tollsten Leckerchen zeigst, ihm davon aber nichts gibst. Dein Welpe soll so richtig »scharf« auf die Leckerchen werden.
2. Jetzt gehst du ein paar Meter weg, während die Hilfsperson den Welpen weiterhin an der Leine hält. Der Hund soll dabei kein Signal ausführen; am besten hängt er so richtig in der Leine und kann es kaum erwarten, zu dir zu rennen. Sobald du ca. fünf Meter entfernt bist, lässt die Hilfsperson die Leine los. Während dein Welpe zu dir sprintet, rufst du laut dein Signal »Komm zu mir« und hältst die Hand mit den Leckerchen seitlich ausgestreckt hin.
3. Ist der Hund bei dir angekommen, lobst du ihn überschwänglich und belohnst ihn fürstlich mit Leckerchen. Gib ihm mindestens fünf Stück hintereinander. Dein Welpe soll lernen, dass es hier nicht nur richtig viel zu holen gibt, sondern es sich auch lohnt, bei dir zu bleiben.
4. Die Hilfsperson kommt nun zu dir, hält den Hund erneut an der Leine, während du wieder weggehst.
5. Wenn dein Welpe so richtig wild in der Leine hängt und zu dir will, rufst du laut »Komm zu mir« und streckst die Hand aus. Die Hilfsperson lässt die Leine in dem Moment los, in dem du dein Signal rufst.
6. Während dein Welpe zu dir rennt, lobst du ihn überschwänglich und gibst ihm, sobald er bei dir angekommen ist, wieder ein paar Leckerchen.
7. Wiederhole diese Übung mehrere Male und baue sie am besten immer wieder auf einem gemütlichen Spaziergang ein. So hat dein Welpe dazwischen genug Pausen, denn die schnellen Sprints sind für den kleinen Hund ziemlich anstrengend.
8. Sollte dein Welpe für andere Aktivitäten zu begeistern sein, so kannst du natürlich auch diese mit einbauen, sobald dein Hund dich erreicht hat: beispielsweise einen Ball werfen, mit ihm ein Zerrspiel machen oder um die Wette rennen. Welche Aktivität auch immer dein Welpe liebt, ist hierfür geeignet!

Mein Tipp: Nur Übung macht den Meister, wie es so schön heißt, daher empfehle ich dir, diese Übung immer wieder auf deinen Spaziergängen zu absolvieren, sobald du mit deinem Hund und einer weiteren Person unterwegs bist. Lebenslang! Hunde lieben diese Übung, und wenn du den Rückruf konsequent trainierst, lädst du das Signal regelmäßig auf!

1. Nimm ein paar Leckerchen und rufe deinen Welpen.

2. Gib ihm die Leckerchen, sobald er bei dir angekommen ist.

ÜBUNG 2: DAS WELPEN-PINGPONG

Diese Übung ist ideal, wenn du den Rückruf allein trainierst – am besten wieder in ablenkungsarmer Umgebung.

1. Nimm drei bis fünf Leckerchen in die Hand und stelle dich in die Nähe deines Welpen. Rufe »Komm zu mir« und gib ihm unmittelbar danach mehrere Leckerchen hintereinander. Dein Kleiner soll lernen: Wenn mein Mensch »Komm zu mir« ruft, erhalte ich die tollsten Belohnungen!
2. Nun wirfst du ein paar Leckerchen vor dir auf den Boden. Verteile sie so, dass dein Hundekind ein paar Sekunden braucht, um sie zu finden.
3. Während der Hund nach den Leckerchen sucht, läufst du ein paar Meter davon. Da dein Welpe erst einmal damit beschäftigt ist, die Leckerchen zu suchen, gewinnst du automatisch Zeit, dich zu entfernen.
4. Sobald der Kleine die Leckerchen gefressen hat, rufst du »Komm zu mir« und streckst wieder deine Hand mit den Leckerchen aus.
5. Dein Hund wird zu dir fliegen. Bei dir angekommen, gibst du ihm mehrere Leckerchen hintereinander aus der Hand. Gleich danach wirfst du wieder ein paar Leckerchen auf den Boden, läufst davon und beginnst das Spiel von vorn. Wiederhole diese

Schritte nun immer wieder, jeweils einige Male hintereinander. Berücksichtige dabei aber bitte, genügend Pausen zwischen den Übungen einzulegen, denn das Training mit dem vielen Laufen ist ziemlich anstrengend für deinen Welpen!

6. Mit der Zeit kannst du die Schwierigkeit steigern. So läufst du beispielsweise hinter einen Busch oder über ein Hindernis hinweg und lässt deinen Welpen auf diesen schwierigeren Strecken zu dir kommen.
7. Übe den Rückruf nach einer Weile auch an Stellen mit mehr Ablenkung, etwa neben einer Hundezone oder neben einem Kinderspielplatz. Auch toll: Lass eine dritte Person Ball spielen und übe mit deinem Welpen, an dieser Person vorbeizulaufen.

ÜBUNG 3: EINFANGEN

Wann immer dein Welpe beim Spaziergang von sich aus zu dir gelaufen kommt, kannst du, während er zu dir läuft, »Komm zu mir« rufen und ihn, wenn er bei dir angelangt ist, üppig belohnen. Dein Welpe soll lernen, dass es sich für ihn immer lohnt, mit dir Kontakt aufzunehmen.

Um den Rückruf zu trainieren, musst du deinen Welpen übrigens nicht ableinen. Wenn du unterwegs bist und mit ihm üben willst, ohne ihn abzuleinen, verwendest du dafür am besten eine zehn Meter lange Leine.

Mein Tipp: Leine dein Hundekind nach dem Rückruf immer wieder kurz an und danach wieder ab. So wird das Anleinen nicht damit verknüpft, dass danach der Freilauf vorbei ist.

STOLPERSTEINE

Der Anfang beim Rückruftraining erweist sich als relativ einfach. Das Schwierige daran ist, ihn zu erhalten und keine Fehler dabei zu machen. Gerade beim Rückruf gibt es einige Grundsätze, die du beachten solltest:

- **Nicht unbewusst strafen**
  Achte darauf, dass dein vierbeiniger Liebling im Zusammenhang mit dem Rückruf nur positive Erfahrungen mit dir macht und nie irgendetwas strafend empfindet. Das muss nicht mal ein absichtliches Strafen sein, oft passieren uns solche Fehler unbewusst. Wenn du deinen Welpen beispielsweise immer nach dem Abrufen sofort anleinst, lernt er sehr schnell: Rückruf bedeutet das Ende des Freilaufs. Das kann dazu führen, dass er nicht mehr so gern zu dir zurückkommt. Dasselbe gilt auch für Streicheln nach dem Rückruf. Viele Hunde wollen im Training nicht

1. Rufe dein Signal und gib deinem Welpen sogleich tolle Leckerchen. Danach wirfst du ein paar Leckerchen auf den Boden, sodass dein Welpe abgelenkt ist.

2. Laufe ein paar Meter davon und rufe deinen Welpen wieder.

3. Wiederhole diese Übung nun unter verschiedenen Ablenkungen.

gestreichelt werden und empfinden es als unangenehm, sodass sie nicht mehr gern zu ihrem Menschen zurückkommen.

- **Ungehorsam niemals bestrafen** Falls dein Hund mal nicht oder nur mit starker Verspätung zu dir kommt, wenn du rufst, bestrafe ihn niemals dafür! Denn Strafen vergrößern das Problem nur noch. Dein Hund soll sich in deiner Nähe schließlich immer wohlfühlen. Macht dein Welpe allerdings die Erfahrung, dass du ihn manchmal, wenn er zu dir kommt, schimpfst oder bestrafst, wird er ganz sicher nicht schneller und zuverlässiger zu dir zurückkehren. Bleib also ganz cool und merke dir, dass du den Rückruf dementsprechend noch intensiver üben solltest.

- **Kein Abruf unter Bedingungen, die der Hund noch nicht kann** Der Rückruf muss, wie alle anderen Signale, langsam Schritt für Schritt in immer noch schwierigeren Situationen geübt werden. Wenn du mit deinem Welpen also in schwierigere Situationen gerätst, in denen du ihn zu dir rufen musst, dies aber noch nicht so gut geübt hast, verwende dafür nicht dein Rückrufsignal! Dieses setzt du nur ein, wenn du dir sicher bist, dass dein Hund den Trainingsstand hat, zuverlässig zu dir zu rennen.

NOTFALLRÜCKRUF

Wenn dein Welpe davonläuft und du noch keinen gut trainierten Rückruf hast oder dein Rückruf nicht funktioniert, dann probiere Folgendes:

- **Lauf in die entgegengesetzte Richtung!** Viele Welpen flitzen ihrem Menschen instinktiv nach, wenn er davonläuft. Kommt dein Welpe dann zu dir, lobst du ihn und gibst ihm eine fürstliche Belohnung.

- **Hole ganz tolles Spielzeug heraus!** Nimm das Spielzeug und spiele selbst damit! Dein Welpe soll denken, dass er etwas verpasst, und kommt daher zu dir gelaufen, um mitzumachen. Wenn dein Hundekind bei dir ankommt, belohnst du es entsprechend mit einem lustigen Spiel!

- **Finde einen Schatz!** Tu so, als würdest du einen fantastischen Schatz am Boden finden. Wirf dafür tolle Leckerchen auf den Boden und freue dich lauthals über deinen Fund. Dein Welpe wird hoffentlich neugierig werden und sofort den

Schatz mit dir erkunden wollen. Sobald er bei dir ist, lass ihn an deinem Schatz teilhaben.

PERFEKTER RÜCKRUF …

… existiert leider nicht. Es gibt immer wieder Situationen, in denen dein Hund nicht kommen kann: weil du beispielsweise genau diese spezifische Situation noch gar nicht mit ihm trainiert hast; oder weil dein Welpe gerade zu weit entfernt von dir ist und dich vielleicht gar nicht hört; oder weil dein Hund möglicherweise gerade Angst hat und daher nicht in der Lage ist, zu dir zu laufen.

Im Verlauf von Interaktionen mit anderen Hunden gerät dein Vierbeiner immer mal wieder in Situationen, in denen er gar nicht zu dir kommen soll. Stell dir folgendes Beispiel vor: Er wird gerade von einem Artgenossen bedroht, und in diesem speziellen Fall könnte es sogar gefährlich für deinen kleinen Liebling werden, wenn er dem anderen Hund den Rücken zuwenden und auf Kommando zu dir laufen würde.

Behalte dies alles also stets im Hinterkopf und leine deinen Hund in unsicheren Situationen lieber einmal zu oft an. Wenn du dafür eine lange Schleppleine verwendest, hat dein kleiner Vierbeiner fast volle Freiheit bei gleichzeitig voller Sicherheit!

RÜCKRUF IN DER PUBERTÄT

Wenn du regelmäßig übst, kannst du deinen Kleinen vermutlich in einigen Situationen frei laufen lassen. Insbesondere während der Welpenzeit funktioniert der Rückruf meist recht schnell. Schließlich ist das Hundekind noch abhängig von dir und weicht dir kaum von der Seite. Leider muss ich dir sagen, dass diese schöne, einfache Zeit bald ein Ende haben wird. Zu Beginn der Pubertät ist Schluss damit! Mit der Jugendentwicklung gehen einige Verhaltensänderungen einher, und es ist völlig normal, dass manche Signale nicht mehr so gut funktionieren. Insbesondere beim Rückruf ist das besonders spürbar, denn hier kommen gleich mehrere Faktoren zusammen:

In der Pubertät entwickeln sich der Jagdinstinkt und der Sexualtrieb, außerdem werden Hunde in dieser Zeit von Natur aus unabhängiger. Das wirst du insbesondere auf den Spaziergängen merken, und so ist es absolut verständlich, dass nun der Rückruf oft nicht mehr zuverlässig funktioniert. Sichere deinen Vierbeiner in dieser Zeit also lieber mit einer langen Leine ab, als dass er dir in einer brenzligen Situation vielleicht sogar abhandenkommt. Sei deinem Jungspund vor allem aber nicht böse – die Pubertät ist für keinen von euch beiden eine einfache Phase!

LOCKER AN DER LEINE

Ziel der Übung ist, dass sich dein Welpe daran gewöhnt, auf dem Spaziergang angeleint zu sein und dabei ganz entspannt zu laufen. Das Training ist alles andere als einfach, und so gilt in erster Linie: Sei geduldig mit dir und deinem Hund!

WOZU DIE ÜBUNG?

Locker an der Leine zu gehen, ist die Grundlage für einen entspannten Spaziergang. Problematisch dabei: Diese Übung zählt zu den schwierigsten für dich und deinen Welpen! Das liegt daran, dass wir es mit zwei Tierarten zu tun haben, die sich erst aufeinander einstellen müssen. Noch dazu ist die Umwelt sehr aufregend für deinen Hund. So fällt es ihm mit Sicherheit schwer, IMMER daran zu denken, dass er kein frei lebender Hund, sondern über die Leine an diese »langsame Affenart« gebunden ist.

Leinenführigkeit ist kein konkretes Verhalten wie etwa »Sitz«, das sich viel leichter lernen lässt. Spazieren gehen dagegen, dabei zu schnuppern, zu pinkeln, zu koten, die Umwelt zu erkunden und dann noch locker an der Leine zu gehen, ist eine ganz andere Nummer! Hierbei werdet ihr also, du und dein Hund, ziemlich gefordert werden.

UMGANG MIT DER LEINE

Es gibt einige Grundregeln, die du dir verinnerlichen solltest, bevor du mit dem Leinentraining beginnst:

1. Die Leine ist nicht zum Lenken da!
Achte also darauf, dass du nicht an der Leine ziehst, wenn du deinen Welpen in eine bestimmte Richtung dirigieren möchtest. Wenn du nicht willst, dass dein Hund an der Leine zieht, darfst du das natürlich auch nicht machen. Lenke deinen Kleinen stattdessen mittels deiner Magnethand – so lernt er, MIT dir zu arbeiten und dir zu folgen.

2. Nicht ziehen!
Ziehe deinen Welpen niemals an der Leine mit dir mit, wenn du weitergehen möchtest. Das löst den sogenannten Oppositionsreflex aus – dein Hund stemmt sich dagegen, um nicht aus dem Gleichgewicht zu kommen. Das Ziehen führt nur dazu, dass dein Welpe nicht mehr gern mit dir kooperiert und sich dabei unwohl fühlt. Achte daher

stets auf dein Hundkind, wenn es zurückfällt, und passe dich ihm an. Will es an einer Stelle länger schnüffeln, bleib einfach stehen. Welpen gehen nun mal wesentlich langsamer als wir Menschen und brauchen oft eine Pause. Dein Hund wird dir dafür danken und merken, dass du auf ihn aufpasst.

3. Genug Freiheiten ermöglichen!
Die Basis für einen leinenführigen Hund ist ein entspannter Hund, der seine Grundbedürfnisse ausleben kann. Eines davon ist, sich frei bewegen zu dürfen. Lass deinem Kleinen daher genug Raum an der langen Leine, damit er immer wieder frei laufen kann.

4. Genug Leinenlänge gewähren!
Viele Vierbeiner ziehen schlichtweg deshalb an der Leine, weil sie zu kurz gehalten wird. Es ist nicht normal für Hunde, ständig einen Meter entfernt neben dem Menschen zu gehen. Um es dem Kleinen leicht zu machen, locker und entspannt zu spazieren, verwende daher eine vernünftige Leinenlänge:

- drei Meter halbierbar: ideal im Alltag für Spaziergänge in der Ortschaft oder Stadt. An schmalen Stellen kürzt du die Leine auf 1,5 Meter, an breiteren Stellen verlängerst du sie auf drei Meter.
- fünf Meter: optimal für einen entspannten Spaziergang im Park, in dem der Hund mehr Raum zur Verfügung hat. Hier kann er sich auch mal ein paar Meter von dir entfernen, ohne an der Leine zu ziehen.
- zehn Meter: perfekt für Spaziergänge über Felder oder im Wald, wo du deinem Hund richtig viele Freiheiten gewähren, ihn gleichzeitig aber stets noch kontrollieren willst.

DIE LEINE RICHTIG HALTEN
In der einen Hand sicherst du die Leine ab, mit der anderen Hand bildest du Schlaufen, sodass du die Leine bei Bedarf und mitunter auch recht zügig länger oder kürzer nehmen kannst.

IST DEIN WELPE BEREIT?
Diese Übung kannst du immer wieder während des Spaziergangs praktizieren. Ziel ist, dass du dich von Anfang an attraktiv für deinen Welpen machst. So lernt er, dass es neben den zahlreichen Umweltreizen auch noch seinen Menschen am anderen Ende der Leine gibt, der etwas ganz Tolles zu bieten hat.

DAS BRAUCHST DU
Klein geschnittene Stufe-2-Leckerchen, griffbereit in deiner Leckerchentasche oder in einem Becher.

1. Gib deinem Welpen beim Anleinen ein Leckerchen.

2. Bleib stehen und warte, wenn der Kleine schnuppern will.

3. Lobe und belohne deinen Hund immer, wenn er dich ansieht.

4. Eine Leine, die lang genug ist, hilft beim Erlernen der Leinenführigkeit.

LOS GEHT'S

1. Leine deinen Hund an und gib ihm gleichzeitig ein Leckerchen. Achte aber darauf, dass du dich dabei nicht über ihn beugst.
2. Richte dich auf und gib dem Kleinen sogleich ein Leckerchen.
3. Gehe nun ein paar Schritte und bleib ruhig stehen. Warte, bis dich dein Welpe ansieht. Lobe ihn in diesem Moment und gib ihm ein Leckerchen bei dir. Es kann sein, dass dein Welpe dazwischen schnuppert oder sich die Welt ansieht – das ist vollkommen okay. Dein Welpe muss dich nicht dauernd ansehen, er soll ruhig die Umwelt erkunden dürfen!
4. Jetzt gehst du wieder ein paar Schritte weiter. Warte erneut, bis dich dein Welpe ansieht, dann gibt es wieder Lob und Leckerchen bei dir.
5. Wiederhole das nun immer wieder. Ziel ist es, dass dein Welpe schnüffeln und die Umwelt erkunden darf, aber dazwischen lernt: Es lohnt sich für mich, dass ich mich an meinem Menschen orientiere!

PERFEKTE LEINENFÜHRIGKEIT …

… gibt es leider nicht. Es ist normal, dass dein Hund immer wieder mal an der Leine ziehen wird. Anstatt also Perfektion anzustreben, sollte es dein Ziel sein, dass dein Vierbeiner weitestgehend locker an der Leine geht. Nicht immer, aber immer öfter – könnte dein Motto lauten. Außerdem gibt es Situationen, denen sich Hunde möglichst schnell entziehen wollen, wenn sie etwa einen Kontakt als stressig oder beängstigend empfinden. Dann ziehen sie an der Leine. Lass deinen Welpen in dem Moment weggehen! Hier ist die Leinenführigkeit zweitrangig. Das Wichtigste ist, dass dein Hund einer Situation ausweichen kann, wenn er das will.

STOLPERSTEINE

- Zu kurze Leine: Manchmal musst du die Leine verkürzen, das ist klar – etwa in einem Restaurant oder auf einem schmalen Gehsteig. Das sollte auf dem Spaziergang aber eher die Ausnahme sein. Wird dein Welpe nämlich ständig sehr eng geführt, wird er vermutlich öfter ziehen und sich dadurch an dieses Körpergefühl gewöhnen. Achte also darauf, dass du die Leine möglichst immer mindestens drei Meter lang hast, sodass dein Hund über einen natürlichen Bewegungsradius verfügen kann.

- Zu wenig Freilauf: Viele Hunde ziehen an der Leine, weil sie nie frei laufen dürfen. Biete deinem Welpen die Möglichkeit dazu und sichere ihn notfalls über eine Schleppleine ab.

COOL BEI BESUCH

Bei dieser Übung lernt der Hund, ruhig zu bleiben, wenn es an der Tür klingelt, und die Gäste ganz entspannt zu begrüßen. Das Training ist nicht sehr schwer, daher bereite dich gut vor und übe mit deinem Hund vom ersten Besuch an.

WOZU DIE ÜBUNG?

Besuch führt bei vielen Hunden zu Stress. Sie beginnen bereits beim Ertönen der Türklingel wie wild zu bellen und sich aufzuführen. Wenn du die Gewöhnung an die Türklingel und den Besuch von Anfang an richtig angehst, kannst du dieses Problem vermeiden.

IST DEIN WELPE BEREIT?

Diese Übung kannst du ausführen, wenn dein Welpe wach und motiviert ist, Futter von dir zu nehmen. Das Klingeltraining übst du am besten vom ersten Tag an. Für den ersten Besuch solltest du dir einige Tage Zeit lassen, bis dein Welpe etwas sicherer ist. Er sollte dann schon etwas müde sein.

DAS BRAUCHST DU

Klein geschnittene Stufe-3-Leckerchen, griffbereit in deiner Leckerchentasche oder in einem Becher.

DAS KLINGELTRAINING

1. Nimm ca. fünf Leckerchen in die Hand und lass jemanden an der Haustür läuten. Lobe deinen Welpen, sobald die Klingel ertönt, und wirf in dem Moment die Leckerchen auf das Bettchen deines Hundes. Der Kleine soll zunächst lernen: Türklingel = Leckerchen auf meinem Bettchen.
2. Wiederhole dies einige Male, bis dein Welpe bereits freudig in Richtung seines Bettchens läuft, sobald er die Klingel hört.

Mein Tipp: Falls dein Hund äußerst sensibel auf Geräusche reagiert, übe die Türklingel zu Beginn so, dass sie nicht zu laut ist. Schließe dafür beispielsweise die Zimmertür, sodass die Klingel deutlich leiser ertönt.

ES KOMMT BESUCH

1. Sobald es klingelt, lobst du deinen Welpen und gehst mit ihm an sein Bettchen, wo du ihm eine Handvoll Leckerchen hinstreust. Zusätzlich

1. Sobald es läutet, gibst du deinem Welpen Leckerchen oder eine Kaustange auf seinem Bettchen.

2. Bitte deinen Besuch, den Hund anfangs zu ignorieren.

3. Belohne deinen Welpen immer wieder dafür, dass er ruhig liegen bleibt.

4. Erst wenn der Hund entspannt ist, sollte der Besuch ihn begrüßen.

legst du ihm eine Knabberstange hin sowie einen gefüllten Kong. Dadurch ist er nun einige Zeit beschäftigt, sodass du deinem Besuch entspannt die Tür öffnen kannst.

2. Führe deinen Gast herein und – das ist der schwierigste Teil – bitte ihn, deinen Welpen zu Beginn zu ignorieren! Das wird deinem Besuch verständlicherweise sehr schwer fallen, denn wer begrüßt nicht gern einen entzückenden Welpen? Doch dieser Punkt ist absolut wichtig. Je nebensächlicher der Besuch ist, desto entspannter kann dein Vierbeiner bleiben.
3. Gib deinem Welpen nun immer wieder tolle Leckerchen auf seinem Bettchen, während er den Besuch von dort aus beobachten kann.
4. Nach einiger Zeit, wenn dein kleiner Liebling ganz entspannt ist und du deinen Gast gut instruiert hast, darf dieser dein Hundekind begrüßen, sofern es das möchte. Lass den Gast dafür hinknien oder auf einem Sessel sitzen, sodass dein Welpe selbst entscheiden kann, ob er ihn begrüßen will. Falls er nicht freiwillig zum Besuch geht oder zurückhaltend bleibt, sollte dein Gast das Hundekind weiterhin einfach ignorieren.
5. Achte darauf, dass die Begrüßung nicht zu wild wird. Die Interaktion sollte vollkommen ruhig und ganz entspannt ablaufen.
6. Nach einer kurzen Dauer der Interaktion sollte dein Gast den Welpen auch wieder ignorieren. Besuch soll schließlich positiv verknüpft werden, aber nicht als eine lange, spannende Party. Das würde nämlich langfristig zu einem erregten Vierbeiner führen, sobald du Besuch bekommst.

Mein Tipp: Ein gemeinsamer Spaziergang mit deinem Welpen und dem Gast ist eine ideale Möglichkeit, den Kleinen entspannt an Besuch heranzuführen. Sobald dein Hund den Menschen einige Zeit lang begutachten konnte, kannst du einen Spaziergang vorschlagen.

STOLPERSTEIN

- Was tun, wenn der Welpe zum Gast stürmt? Bitte in diesem Fall deinen Besuch, den Kleinen zu ignorieren, und locke den Hund mit tollen Leckerchen zurück auf seinen Platz. Sichere ihn gegebenenfalls mittels einer Leine oder einem Gitter ab.

- Das größte Problem bei diesem Training sind zu überschwängliche Gäste. Erkläre deinem Besuch also vorab, was dir wichtig ist, sodass du die Begegnung beiden – dem Welpen und dem Besuch – leicht machst.

GEWÖHNUNG AN DIE HUNDEBOX

Beim Boxentraining lernt dein Welpe, seine Hundebox zu lieben. Ziel ist, dass dein Vierbeiner die Box als seinen absoluten Lieblingsort anerkennt. Hast du einen sehr kleinen Hund, kann dieser Lieblingsort natürlich auch eine passende Tasche sein.

WOZU DIE ÜBUNG?

Vielleicht fragst du dich: Wozu soll ich meinen Vierbeiner an eine Box gewöhnen? Ich will ihn doch nicht einsperren! Du hast natürlich recht. Die Box ist nicht dazu da, deinen Hund stundenlang wegzusperren. Möglicherweise brauchst du eine Box auch gar nicht. Sie ist schlichtweg ein mögliches Hilfsmittel, das in einigen Situationen hilfreich sein kann und von manchen Welpen gern angenommen wird. Bisweilen lieben Hunde diesen höhlenartigen Rückzugsort, und man muss sie kaum trainieren. In solchen Fällen brauchst du die Box nur aufzustellen, und der Hund geht mehr oder weniger von selbst dort hinein und genießt die Ruhe. Insbesondere wenn der Kleine im Tierheim oder in der Zuchtstätte bereits eine Box kennengelernt hat, ist das oft der Fall. Bei einigen Hunden braucht es etwas Training, bis sie die Box annehmen. Es gibt aber auch Vierbeiner, die sich sichtlich unwohl fühlen und auf keinen Fall in die Box gehen. Das ist oft bei Tierschutzhunden der Fall, die äußerst traumatische Erfahrungen mit einer Box gemacht haben – wenn sie etwa als Welpe auf der Straße eingefangen und danach in eine Box gesperrt wurden. Falls du so einen Welpen hast, stellst du die Box ruhig erst einmal wieder weg und lässt das Training sein. Eine Box ist ein Hilfsmittel, aber kein Muss!

Mein Tipp: Für einen kleinen Hund kannst du eine Tasche als Rückzugsort wählen. Diese lässt sich überallhin mitnehmen und bietet so deinem Vierbeiner einen sicheren Unterschlupf, ganz egal, ob ihr im Restaurant, auf Besuch oder in öffentlichen Verkehrsmitteln unterwegs seid!

IST DEIN WELPE BEREIT?

Boxentraining beginnst du am besten von Tag eins an. Integriere die Übungen ganz einfach in deinen Alltag.

DAS BRAUCHST DU

Du benötigst die passende Box. Achte unbedingt darauf, dass du ein Modell wählst, das groß genug ist. Kaufe lieber eine zu große Box und kleide sie mit vielen Decken aus, sodass dein Welpe es trotzdem schön kuschelig darin hat. Die Box sollte so hoch und breit sein, dass sich dein Kleiner darin bequem hinsetzen und umdrehen kann. Außerdem brauchst du feine Leckerchen, Spielzeug, Knabberstangen und zusätzlich noch einen gefüllten Kong.

LOS GEHT'S MIT PHASE 1

1. **Die Box bequem auskleiden und Leckerchen darin verteilen**
   Richte die Box zunächst schön kuschelig ein und lege dafür am besten ein paar Decken ganz ungeordnet hinein. So kann sich dein Welpe sein eigenes Nestchen daraus bauen – das lieben Hunde sehr! Lege zusätzlich tolle Leckerchen, spannendes Spielzeug zum Entdecken und gegebenenfalls noch einen gefüllten Kong oder eine Kaustange hinein.

2. **Die Box aufstellen und anschauen lassen**
   Jetzt stellst du die Box einfach auf und lässt deinen Hund seine »Schatzkiste« erkunden. Den besten Platz hat die Box im Wohnraum etwas am Rand, wo dein Welpe das Geschehen um sich herum gut beobachten kann und trotzdem etwas Ruhe hat.

3. **Immer wieder während des Tages Dinge hineinlegen**
   Die Box steht deinem Welpen nun stets mit geöffneter Tür zur Verfügung. Lege immer wieder verschiedene Sachen hinein, sodass der Kleine, wenn er hineingeht, interessante Dinge vorfindet. Ziel ist, dass der Welpe von sich aus immer wieder die Box aufsucht, weil es dort ja hin und wieder etwas zu finden gibt. Alles, was toll ist, gibt es von nun an vermehrt in der Box, darunter etwa Knabberstangen, Futter und natürlich den Kong.

4. **Spontane Aktionen belohnen**
   Wenn der Welpe von selbst in die Box geht, belohnst du ihn fürstlich. Achte auf den Moment, in dem dein Hundekind seine Box betritt. Lege ihm dann gleich ein paar tolle Leckerchen hinein.

Auf diese Weise gehst du nun einige Tage lang vor. Du wirst feststellen, dass dein Welpe vermutlich immer öfter die Box aufsuchen und sich vielleicht auch schon immer öfter hineinlegen wird. Das ist schon das ganze Boxentraining!

1. Lege die Hundebox mit tollsten Belohnungen aus.

2. Dein Welpe soll die Box lieben lernen.

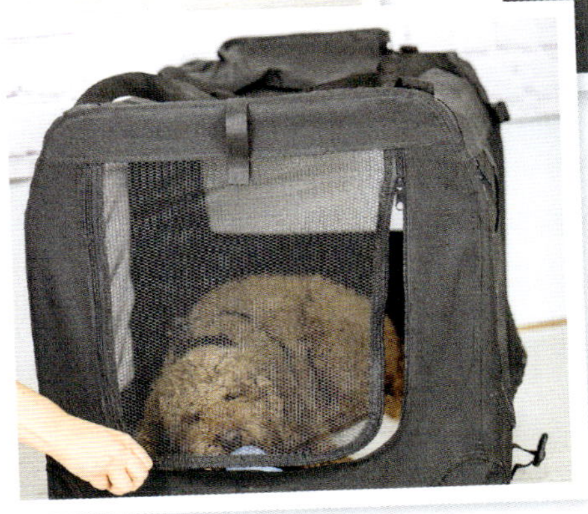

3. Wenn dein Welpe entspannt und gern in der Box liegt, machst du die Box kurz zu und wieder auf.

Primär geht es darum, dass der Hund einen Ruhe- und Rückzugsort hat. Möchtest du die Box ab und zu schließen, folgt nun Phase zwei (siehe S. 164).

STOLPERSTEINE

- Falls dein Welpe nur zum Fressen in die Box geht, danach aber gleich wieder herauskommt, bindest du ihm einen Kong oder seine Knabberstangen in der Box fest. Die meisten Hundekinder legen sich während des Kauens hin. Das führt oft dazu, dass sich die Welpen leichter an die Box gewöhnen und mit der Zeit dort auch länger liegen bleiben, wenn sie schon nicht mehr kauen.
- Falls der Kleine gar nicht in die Box geht, kann es sein, dass er sich in engen Räumen unwohl fühlt. In diesem Fall besorgst du dir am besten eine Box, die man auf allen Seiten öffnen kann. Diese stellst du geöffnet hin. So kann sich dein Welpe an die Box gewöhnen, ohne einen engen Raum betreten zu müssen. Mit der Zeit kannst du, sofern der Kleine das offene Behältnis gut angenommen hat, die Seiten rundherum schließen. Überlege dir außerdem, ob die Box vielleicht an einer ungeeigneten Stelle platziert ist. Manche Hunde akzeptieren sie eher, wenn sie an einem ruhigeren Ort steht.

- Falls dein Kleiner trotz aller Maßnahmen die Box nicht annimmt, lass sie einfach stehen und warte ab. Manche Welpen brauchen eine Weile, bis sie sich sicher genug fühlen, diesen merkwürdigen Ort aufzusuchen. Falls dein Welpe langfristig die Box gar nicht mag, finden sich meistens andere Lösungen. Bleib also zunächst ganz entspannt. Außerdem kann ich nur erneut bekräftigen, dass die Box lediglich ein mögliches Hilfsmittel ist, aber kein Muss!

WEITER GEHT'S MIT PHASE 2: DIE BOX SCHLIESSEN

Wenn dein Welpe entspannt in der Box liegt und diese immer wieder gern aufsucht, kommt nun Phase zwei beim Boxentraining. Jetzt geht es darum, das Behältnis zeitweise zu schließen.

1. Während dein Welpe in der Box ist, machst du nun immer wieder die Tür ein Stückchen weiter zu. Aber schließe sie noch nicht ganz. Dein Hundekind soll sich in diesem ersten Schritt nur an den Anblick einer geschlossenen Tür gewöhnen. Es sollte jederzeit herausgehen können!
2. Wenn das gut klappt und dein Welpe entspannt in der Box bleibt, machst du nun die Tür kurz zu: Lass sie für ein paar Sekunden geschlossen, dann öffnest du sie wieder.
3. Sobald dein Hund dies akzeptiert, lässt du die Box Schritt für Schritt länger zu. Wichtig ist, dass dein Welpe jederzeit herausdarf. Falls du also merkst, dass er unruhig wird, öffnest du die Tür unverzüglich!

Wie du siehst, erweist es sich in den meisten Fällen als gar nicht so schwierig, das Hundekind an eine Box zu gewöhnen. Noch einfacher ist es natürlich, wenn dein Welpe bei seinem Einzug die Box als Rückzugsort bereits kennt. In solchen Fällen empfehle ich ausdrücklich, eine Box aufzustellen, sodass dein kleiner Vierbeiner SEINEN ganz persönlichen Rückzugsort hat. Das Behältnis kannst du nun immer einsetzen, wenn du deinen Welpen beispielsweise mit in den Urlaub oder ins Büro nehmen möchtest. Ein Ort, der mit Ruhe und Sicherheit verknüpft und immer dabei ist, wird auf diese Weise eine große Hilfe für dich sein!

Mein Tipp: Wichtig dabei ist vor allem eines: Es geht nicht darum, deinen Welpen in der Box einzusperren! Das Behältnis funktioniert als Ruheort auch wunderbar mit geöffneter Tür. Falls du es dennoch zeitweise – etwa aus Sicherheitsgründen – schließen möchtest, so sollte dies nur geschehen, wenn sich dein Welpe sehr gut daran gewöhnt hat.

KÖRPERPFLEGE LIEBEN LERNEN

Die wenigsten Hunde mögen es, wenn man an ihnen herumhantiert, doch Körperpflege gehört nun mal zum Alltag dazu. Den Vierbeiner bürsten, ihn abtrocknen oder sogar baden – hier erfährst du, wie du den Welpen von klein an daran gewöhnst.

Ein gewisses Maß an Körperpflege ist auch für Hunde wichtig, doch viele Vierbeiner wehren sich, wenn sie gebürstet, gebadet oder untersucht werden sollen. Die Fellpflege, das Säubern der Pfoten nach dem Gassigang oder die Kontrolle der Ohren gestalten sich dann oft als schwierig. In vielen Fällen liegt die Abneigung gegen diese Pflegemaßnahmen schlicht an der Tatsache, dass wir ihnen viel zu wenig Aufmerksamkeit widmen und sie »einfach so« durchführen. Dabei geht es deinem Welpen aber vermutlich nicht anders als dir – oder würdest du es mögen, wenn dich jemand ungefragt bürsten, dir die Nägel schneiden oder gar in deine Ohren sehen würde?
Wenn du deinem Hundekind unvorbereitet die Pfoten abwischst oder es bürstest, wird es das entsprechend negativ abspeichern. Langfristig könnte es dazu führen, dass der Kleine anfängt, vor dir davonzulaufen oder sich vehement zu wehren. Dies sind jedoch zwei Szenarien, die das Zusammenleben mit dem Hund deutlich erschweren und für eure gute Beziehung kontraproduktiv sind. Schließlich soll dein Welpe dir vertrauen – und das bedeutet auch, dass du ihn nicht zu Dingen zwingst, die für ihn unangenehm sind.
Wie aber kannst du nun diese »lästigen«, jedoch notwendigen Handgriffe für deinen Welpen so angenehm wie möglich gestalten? Ganz einfach: Gelungenes Handlingtraining beginnt bei dir selbst, indem du die zwei wichtigsten Grundregeln befolgst:

1. Dein Welpe hat ein Mitspracherecht!
2. Dein Welpe entscheidet, ob er mitmacht, und darf die Übung jederzeit beenden!

Druck und Zwang haben in der Welpenerziehung generell nichts verloren. Für ein erfolgreiches Körperpflegetraining ist Freiwilligkeit die absolute Voraussetzung! Das bedeutet, dass du bei jeder Handlung nach einigen Sekunden immer wieder eine Pause einlegst und auf diese Weise »nachfragst«, ob dein Welpe damit noch einverstanden ist. Wenn er bei dir bleibt, kannst du weitermachen. Wenn er sich aber wegdreht oder sogar davonläuft, weißt du, dass er nun eine Pause braucht. Stell dir einfach vor, du bist beim Zahnarzt. Da willst du vermutlich auch, dass er aufhört zu bohren, sobald du die Hand hebst.

ANS BÜRSTEN GEWÖHNEN

Diese grundlegende Körperpflegemaßnahme ist eine ideale Einstiegsübung für dich und deinen Hund.

IST DEIN WELPE BEREIT?

Das Bürsten übst du am besten, wenn dein Welpe entspannt und etwas schläfrig ist. Generell wirst du schnell merken: Je entspannter dein Hund ist, desto eher toleriert er Berührungen.

DAS BRAUCHST DU

Nimm für den Anfang eine sehr weiche Bürste; später kannst du auf eine härtere umsteigen, die den Zweck besser erfüllt. Halte zudem tolle Stufe-3-Leckerchen oder noch besser eine Futtertube oder Leckmatte bereit.

LOS GEHT'S

1. Setze sich bequem auf den Boden, lege die Bürste neben dich auf den Boden und lass deinen Kleinen von sich aus zu dir kommen. Sobald er bei dir ist, belohnst du ihn mit der Futtertube. Dein Welpe kann stehen, sitzen oder liegen – Hauptsache, er bleibt bei dir und ist entspannt.
2. Lege die Tube weg. Nimm die Bürste in die Hand und zeige sie deinem Welpen. Er darf sie gern beschnuppern und kennenlernen. Jetzt holst du mit der anderen Hand die Tube hervor und gibst sie deinem Welpen. Dein Welpe soll lernen: Bürste bedeutet leckere Futtertube!
3. Jetzt fütterst du den Welpen mit der einen Hand aus der Futtertube, während du mit der anderen Hand anfängst, ihn sanft zu bürsten. Führe einen Bürstenstrich über seinen Rücken aus und pausiere. Falls dein Welpe entspannt an der Tube weiterleckt und bei dir bleibt, fährst du fort, ihn sanft zu bürsten. Falls er sich wehrt oder weggeht, wiederholst du Schritt 2 noch einmal.
4. Nun kannst du den Kleinen behutsam am ganzen Körper bürsten, während du ihm die Tube zum Lecken hinhältst. Lege immer wieder eine Pause ein, um zu sehen, wie es ihm damit geht. Achte außerdem darauf, dass

1. Die Bürste am Boden bedeutet: Tolles Futter bei dir!

2. Zeige deinem Hund die Bürste und füttere ihn währenddessen.

3. Beginne nun, deinen Welpen sanft zu bürsten, während du ihn fütterst.

4. Achte beim Bürsten darauf, dass du dich nicht über deinen Hund beugst.

du sehr sanft vorgehst, sodass das Bürsten wirklich angenehm für ihn ist. Behalte auch deine Körpersprache im Blick und beuge dich nicht über den Hund. Halte ihn nicht fest, er soll jederzeit weggehen können.

5. Mit der Zeit kannst du die Bürste austauschen und auch die Futtertube abbauen. Zu Beginn solltest du aber lieber etwas großzügig mit dem Futter sein, sodass dein Welpe das Bürsten wirklich lieben lernt.

Mein Tipp: Alternativ kannst du auch eine Leckmatte hinlegen. Dein Welpe ist mit dem Aufschlecken der Köstlichkeiten beschäftigt, während du ihn ruhig und behutsam bürstest.

STOLPERSTEINE

Was tun, wenn der Welpe in die Bürste beißt? Das geschieht, wenn der Kleine zu erregt ist. Achte in dem Fall darauf, dass du dir für den ersten und zweiten Schritt genug Zeit nimmst, sodass dein Hundekind wirklich entspannt ist. Welpen sind oft gewohnt, dass Objekte in unserer Hand Spielsachen für sie sind. Dein Kleiner muss also erst lernen, dass das Bürsten kein Spiel ist. Vielleicht mag er es aber einfach nicht! In diesem Fall solltest du sehr viel mehr Zeit für das Training einplanen und die ersten beiden Schritte vielfach üben.

ANS ABTROCKNEN GEWÖHNEN

Gerade das Abtrocknen eines Welpen ist gar nicht so einfach! Zum einen mögen es die wenigsten Hunde, mit einem Handtuch abgerubbelt zu werden, zum anderen bietet sich das Handtuch als lustiges Spielobjekt an, an dem dein Hundekind seinen Stress in der Situation abbauen kann. Du kannst dir also vorstellen, dass das Abtrocknen, wenn du es nicht gut trainierst, schnell in ein wildes Zerrspiel ausartet.

IST DEIN WELPE BEREIT?

Am besten übst du das Abtrocknen, wenn dein Welpe entspannt und bereits etwas schläfrig ist. Auch hier gilt: Je entspannter der Hund, desto toleranter ist er beim Handling.

DAS BRAUCHST DU

Verwende ein weiches Handtuch und halte eine Futtertube oder jede Menge Stufe-2- bis Stufe-3-Leckerchen bereit.

LOS GEHT'S

1. Setze dich entspannt auf den Boden und lege das Handtuch neben dich hin. Wenn dein Welpe zu dir kommt, belohne ihn mit der Futtertube oder jeder Menge Leckerchen. Gib ihm nun so lange Leckerchen oder die Futtertube, bis der Kleine ruhig und

1. Gewöhne deinen Welpen zunächst daran, ruhig vor dir zu sitzen, während das Handtuch nur daliegt.

2. Jetzt zeige dem Hund das Handtuch und füttere ihn dabei.

3. Beginne nun, deinen Welpen sanft mit dem Handtuch zu streicheln, während du ihn weiterhin fütterst.

4. Lege immer wieder eine Pause ein und achte darauf, ob sich dein Welpe noch wohlfühlt.

entspannt neben dir steht, sitzt oder liegt. Die Position ist egal, Hauptsache, dein Welpe ist entspannt. Entspannung ist der Schlüssel beim Abtrocknen, denn wenn dein Kleiner erregt ist, wird er viel eher dazu neigen, ins Handtuch zu beißen!
2. Während du deinen Hund nun fütterst, hältst du das Handtuch so in der anderen Hand, dass er dies mitbekommt.
3. Beim Füttern beginnst du nun, ihn in ruhigen Bewegungen und ganz sanft mit dem Handtuch zu streicheln.
4. Nimm nach einigen Sekunden das Handtuch weg. Wenn dein Welpe noch immer ruhig an der Tube leckt, kannst du ihn weiter »abtrocknen«.

Mein Tipp: Übe das Abtrocknen nun immer wieder, sodass du bereit für den »Ernstfall« bist. Sollte dieser eintreten, nimm dir unbedingt genug Zeit dafür, sodass das Abrubbeln ganz ruhig und entspannt abläuft. Hektisch ausgeführte Bewegungen führen oft dazu, dass der Welpe dies unangenehm verknüpft.

ANS BADEN GEWÖHNEN

An und für sich musst du den Welpen nicht baden, doch es wird vermutlich der Tag kommen, an dem er sich in etwas Unappetitlichem gewälzt hat. Wenn du deinen Kleinen in diesem Fall einer Zwangsdusche unterziehst, wird er das Duschen oder Baden vermutlich sehr unangenehm erleben und dementsprechend abspeichern. Zukünftiges Baden wird schwierig werden. Übst du hingegen Abbrausen oder Baden von Anfang an kleinschrittig, wird es dein Hund nicht so schlimm finden und im besten Fall sogar lieben.

DAS BRAUCHST DU

Lege dir ein Handtuch sowie eine Futtertube oder jede Menge Stufe-3-Leckerchen bereit.

LOS GEHT'S

1. Lege die Dusch- oder Badewanne mit einer rutschfesten Unterlage aus. Streiche tolle Leckereien an die Fliesen oder lege Leckerchen am Boden aus. Dein Welpe soll in der Wanne köstliche Häppchen vorfinden oder abschlecken können.
2. Lass deinen Kleinen diesen Ort nun erkunden, sofern er selbst in die Dusche steigen kann. Falls er das nicht kann, hebe ihn hinein und lass ihn, während du ihn noch im Arm hältst, an den Leckerchen schnuppern. Falls er zappelt, weil er zu den Köstlichkeiten will, lässt du ihn sanft herunter. Sobald dein Welpe mit dem Futtern fertig ist, hebst du ihn sanft wieder heraus. Wiederhole dies

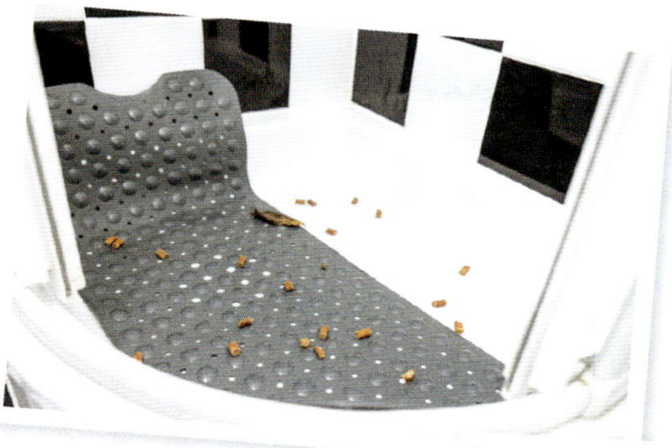

1. Lege die Dusch- oder Badewanne mit tollen Leckerchen aus.

2. Lass deinen Hund die Leckereien in der Wanne fressen.

3. Lege den Duschkopf auf den Boden und drehe das Wasser leicht auf. Füttere währenddessen deinen Welpen.

nun täglich ein- bis zweimal. Dein Hund soll das Badezimmer lieben lernen! Erst wenn er stürmisch in Richtung Badezimmer rennt und sich in der Wanne sicher bewegt, gehst du die nächsten Schritte an.

3. Bereite die Dusch- oder Badewanne wieder vor wie in Schritt 1. Lege nun den Duschkopf auf den Boden, drehe das Wasser aber noch nicht an. Lass deinen Welpen zunächst wieder seinen Zauberort erkunden.
4. Lege erneut den Duschkopf in die vorbereitete Wanne und drehe das Wasser auf. Es soll nur ein leichter Strahl herauskommen. Nun wird dein Welpe seinen Zauberort zum ersten Mal nass erleben. Es kann sein, dass er unbeeindruckt davon bleibt, doch vielleicht reagiert er auch zögerlich oder ängstlich. Lass ihn wieder in den Raum kommen und den Ort erkunden. Falls du ihn in die Wanne hineinheben musst, hältst du ihn zunächst im Arm und lässt ihn den Wasserstrahl beobachten. Erst wenn er herunterwill, setzt du ihn sanft in die Wanne. Halte dich bereit, ihn jederzeit herauszuheben, falls ihn die Situation ängstigt! Wiederhole diesen Schritt einige Male. Dein Welpe soll sich in der Wanne rundum wohlfühlen, wenn du die nächsten Schritte machst.

5. Wiederhole Schritt 4 und drehe nun jeweils das Wasser etwas stärker auf. Nimm dir dafür einige Tage Zeit, bis du aus dem Duschkopf einen stärkeren Wasserstrahl kommen lässt.
6. Jetzt hältst du den Duschkopf in der Hand und bewegst ihn hin und her, ohne deinen Welpen damit nass zu machen. Vergiss nicht, ihn währenddessen fürstlich zu belohnen.
7. Sobald der Kleine mit dem Duschkopf keine Probleme hat, beginnst du, ihn mit lauwarmem Wasser an den Pfoten sanft zu besprühen.
8. Arbeite dich nun immer weiter an seinem Körper hoch, bis du ihn komplett nass gemacht hast. Lass dir aber aber auch hierfür ruhig einige Trainingseinheiten Zeit. Es muss nicht sofort der ganze Hund abgeduscht werden.

Mein Tipp: Wenn du für die Reinigung deines vierbeinigen Lieblings ein Shampoo verwenden möchtest, achte bitte unbedingt darauf, ausschließlich spezielle Hundeshampoos zu benutzen.

WEITERE PFLEGEMASSNAHMEN

Die soeben geschilderten Pflegemaßnahmen – das Fell bürsten, den Hund abtrocknen sowie ihn duschen oder baden – sind nur drei Beispiele. Doch es gibt natürlich noch viele weitere Körperpflegerituale, in denen du aber stets ganz ähnlich vorgehen solltest. Halte dich an das geschilderte Muster und mach alle Handgriffe stets in Ruhe und sehr behutsam – ganz egal, ob es sich darum handelt, Zecken zu entfernen, die Krallen zu kürzen oder die Ohren zu kontrollieren. Nur so vermeidest du, dass dein Hund langfristig Probleme damit bekommt und Abneigungen gegen diese wichtigen Pflegemaßnahmen entwickelt.

TIERARZT UND HUNDEFRISEUR

Der Besuch beim Tierarzt oder bei einem Hundefriseur ist für viele Vierbeiner mit großer Angst und erheblichem Stress verbunden. Doch es gibt einen Trick, wie du dein Hundekind auf den Ernstfall vorbereiten kannst.

Am besten vereinbarst du im Vorfeld einen Kennenlerntermin, bei dem dein Welpe die Praxis oder den Salon und die Personen dort kennenlernen kann. Vielleicht gibt es am Behandlungstisch ja sogar tolle Leckerchen abzustauben! So sammelt dein Hundekind erste positive Erfahrungen, und auch du lernst das Personal kennen und siehst, ob du dich in der Praxis/im Salon wohlfühlst. Sprich gern auch das Thema Medicaltraining an. Moderne Tierärzte und Hundefriseure sind interessiert an gutem Handlingtraining und freuen sich, wenn du deinen Welpen darauf vorbereitest. Schließlich profitieren sie selbst auch davon, wenn der Hund keine Angst hat, sondern sich einfach behandeln lässt.

Mein Tipp: Besonders das Warten im Warteraum kann sehr aufreibend sein, wenn dort gleichzeitig viele andere Tiere sitzen. Beim Tierarzt treffen oft Hunde mit Katzen und Kleintieren zusammen, was für die meisten von ihnen immensen Stress bedeutet. Falls möglich, lass daher deinen Welpen mit jemandem im Auto warten oder gehe mit ihm spazieren, während eine andere Person für dich im Warteraum ausharrt. Oder vereinbare mit dem Praxispersonal, dass es dich mittels SMS oder Anruf zur Sprechstunde aufruft.

WAS TUN IM NOTFALL?

Wird dein Welpe krank und braucht eine unangenehme Behandlung, wie etwa Ohrentropfen, dann kannst du natürlich nicht so kleinschrittig vorgehen. Versuche dennoch dein Bestes, den Praxisbesuch und die Behandlung für deinen Welpen so angenehm wie möglich zu gestalten. Halte während der Untersuchung die tollsten Belohnungen für ihn bereit, am besten Schleckfutter, und mach gleich nach dem Praxisbesuch eine tolle Aktivität mit ihm – sofern dies möglich ist.

4

LUSTIGE **AKTIVITÄTEN** MIT DEM HUNDEKIND

Welpen haben jede Menge Energie. Sie sinnvoll zu beschäftigen und damit körperlich und geistig auszulasten, ohne sie dabei zu überfordern, gehört zum Alltag mit dem Kleinen dazu.

SINNVOLL AUSLASTEN UND BESCHÄFTIGEN

Dein kleiner Entdecker will beschäftigt werden. Auch wenn Welpen noch viel schlafen, wollen sie in den Wachphasen aktiv sein! Wenn du deinem Hundekind in solchen Momenten die passenden Spiele anbietest, kann es seine natürlichen Bedürfnisse ausleben. Das führt zu einem glücklichen Welpen, was wiederum Verhaltensproblemen und unerwünschten Verhaltensweisen vorbeugt – eine Win-win-Situation für euch beide!

Nicht zu unterschätzen: Gerade in diesen ersten Monaten tragen die richtigen Aktivitäten zu einer guten Beziehung und zu einer besseren Kooperationsbereitschaft deines Hundes bei. Außerdem macht es unheimlich viel Spaß, dem Kleinen zuzusehen, wie er spielt. Welche Möglichkeiten hast du also, dein Hundekind sinnvoll zu beschäftigen? Im Folgenden stelle ich dir einige Alternativen vor.

SUCHSPIELE

Diese Art der Beschäftigung ist fast uneingeschränkt zu empfehlen. Suchspiele fördern die natürliche Entdeckerfreude und machen deinen Welpen gleichzeitig angenehm müde. Nasenarbeit ist nämlich ganz schön anstrengend!

FUTTERSUCHSPIELE

Ob in der Wohnung, im Garten oder unterwegs: Streue etwas Futter am Boden aus oder verstecke es hinter verschiedensten Gegenständen, sodass dein kleiner Liebling seine feine Nase einsetzen muss, um die Leckereien zu suchen. Du wirst sehen, dass Welpen dieses Spiel lieben!

Die Futtersuche ist ein ganz natürliches Bedürfnis von Hunden. Im Rahmen eines Futtersuchspiels kannst du ihn dieses Grundbedürfnis in einem sicheren Rahmen ausleben lassen. Damit dein Vierbeiner aber nicht überall Suchspiele erwartet, stellst du das Spiel am besten unter Signal. Du sagst davor also »Such«, und so weiß dein kleiner Liebling, dass er nur hier und jetzt feine Häppchen findet.

LECKERCHENBAUM

Für dieses Spiel eignen sich klebrige Leckerchen, die du an Baumrinde oder zwischen die Äste eines Baumes oder Strauches steckst – am besten wenn dein Welpe das nicht sieht. Anschließend »findest« du mit ihm diesen Leckerchenbaum. Dein Welpe wird riesige Augen bekommen, wenn er auf einmal zusammen mit dir so einen Zauberbaum entdeckt. Auf diese Weise wirst du zum tollen Jagdpartner für ihn!

SUCHPARCOURS

Dieses Spiel bietet sich als Alternative für regnerische Tage zu Hause an. Hierfür versteckst du in einem Zimmer verschiedenste Überraschungen an unterschiedlichen Stellen. Eine Knabberstange unter einem Spielzeug, einen gefüllten Kong in einer Ecke, Leckerchen mal hier und mal da oder das Lieblingsspielzeug unter dem Sofa. Sobald du fertig bist, lässt du deinen Welpen in das Zimmer und schickst ihn auf Schatzsuche. Dein Hund wird damit einige Zeit beschäftigt sein! Übrigens: Kinder lieben dieses Spiel! Gerade Kinder, die zu Besuch sind und sich mit dem Hund beschäftigen möchten, kannst du in diese Aktivitäten mit einbinden.

1. Stecke tolle Leckerchen in die Rinde eines Baums. Am besten nimmst du dafür sehr klebrige Häppchen.

2. Anschließend gehst du zusammen mit deinem Welpen auf die Suche und »findest« mit ihm diesen Zauberbaum.

ZERREISSEN DÜRFEN

Welpen lieben es, Dinge zu zerfetzen. Oft ist dieses Verhalten unerwünscht, doch damit dein Hund diesem Bedürfnis nachkommen kann, bietest du ihm Objekte an, die du wegwerfen würdest – etwa Klopapierrollen oder Kartons, in denen du Leckerchen versteckst. So darf der Kleine experimentieren, wie er an seine Belohnung herankommt, und dabei den Karton genussvoll schreddern. Behalte ihn dabei aber im Auge, sodass du eingreifen kannst, falls er sich anschickt, den Karton zu fressen.

ZERRSPIELE

Sie gehören zu den Lieblingsspielen eines Welpen. Und das Beste daran: Du und dein Welpe spielen gemeinsam! Richtig gemacht, ist es eine wunderbare Möglichkeit, die Bindung zu dir zu stärken. Achte dabei aber auf folgende Regeln:

- Belohnung: Starte das Zerrspiel, wenn dein Hund erwünschtes Verhalten zeigt.
- Behutsam: Sei sensibel und bewege das Spielzeug sanft hin und her, aber nicht zu wild auf und ab. Das kann für die Halsregion des Welpen schädlich sein.

3. Auch in der Wohnung kannst du deinen Welpen zu spannenden Suchspielen animieren. Verstecke dafür in einem Raum tolle Leckereien und lass sie deinen Kleinen suchen. Zu diesem Zweck gibt es sogar eigene Schnüffelteppiche extra für Hunde!

- Kurze Einheiten: Wir übertreiben es oft mit dem Zerrspiel und spielen zu lange und zu wild, bis der Welpe total überdreht und nicht mehr ansprechbar ist. Das sollte nicht passieren. Starte also eher kurz, zerre vier- bis fünfmal hin und her und lass danach das Spielzeug einfach los. Dein kleiner Liebling soll damit davonrennen oder genüsslich darauf kauen dürfen. Falls er dann wieder zu dir kommt, kannst du das Ganze wiederholen.
- Pausen: Lege zwischen den Zerrsessions ruhigere Aktivitäten wie Suchspiele ein. So lernt dein Welpe, sich nach dem wilden Spiel wieder zu beruhigen.
- Wer gewinnt? Du darfst dein Hundekind getrost »gewinnen« lassen und ihm das Spielzeug überlassen. Beim Zerrspiel geht es nicht um Gewinnen oder Verlieren. Es soll eine Aktivität sein, die eure Bindung zueinander stärkt und deinem Welpen die Möglichkeit gibt, sein Bedürfnis nach Beißen und Zerren ausleben zu können.
- Darf der Welpe das Spiel starten? Selbstverständlich! Falls er mit dem Spielzeug im Maul zu dir kommt und dir signalisiert, dass er gern ein Zerrspiel mit dir machen möchte, darfst du gern darauf eingehen.
- Ausgeben lernen: Wenn du willst, dass dein Welpe sein Spielzeug ausspuckt, gib ihm im Gegenzug ein anderes Spielzeug oder tolles Futter. Sag dazu beispielsweise »Tauschen« und biete ihm danach das Tauschobjekt an. Die meisten Welpen lassen sich gern auf so ein Geschäft ein und das Spielzeug daraufhin einfach fallen.
- Abwarten: Zieh deinem Kleinen das Spielzeug nicht einfach aus dem Maul! Dein Welpe lernt dadurch, dass du ihm Dinge wegnimmst, und das wiederum führt meist dazu, dass der Hund seine Spielsachen verteidigt oder damit sogar vor dir davonläuft.
- Nicht übertreiben: Auch wenn Welpen das Zerren lieben, so ist es eine sehr erregende Aktivität. Wenn du es zu lange und zu wild mit ihm spielst, wirst du deinen Vierbeiner eher überdrehen und dadurch nur noch wilder machen. Zerre also nicht zu heftig, sodass das Spiel gar nicht erst zu intensiv wird. Lass das Spielzeug zwischendrin immer wieder los und bewege deine Hand stets ruhig und kontrolliert auf Augenhöhe deines Hundes. Achte darauf, dass dein Welpe immer beide Pfoten am Boden hat. Wichtig ist auch, dass du nicht zu lange mit ihm zerrst, sondern dass es immer wieder ausreichend große Pausen oder ruhigere Aktivitäten zwischen den Zerrspielen gibt.

Achte vor allem bei den Zerrspielen darauf, dass du mit deinem Welpen nicht zu lange und nicht zu wild spielst. Die Gefahr besteht, dass er dabei nur noch wilder wird anstatt ruhiger und entspannter – was eigentlich dein Ziel sein sollte.

BALLSPIELE

Ballspiele solltest du mit deinem Welpen nur in Maßen durchführen. Die abrupten Stopps beim Ballfangen belasten zum einen die Gelenke stark, zum anderen können Hunde auch eine Art Sucht entwickeln. Überdies machen Ballspiele die meisten Welpen nicht ruhiger und entspannter, sondern, falsch praktiziert, nur überdrehter. Ab und zu einen Ball zu werfen, ist okay, aber berücksichtige dabei bitte folgende Regeln:

1. Wirf den Ball nur, wenn dein Hund erwünschtes Verhalten zeigt, also ruhig sitzt oder steht. So lernt er, dass es sich lohnt, sich ruhig zu verhalten, schließlich bekommt er dafür den Ball geworfen. Wirfst du aber den Ball, wenn der Welpe an dir hochspringt, belohnst du dieses Verhalten. Dein Hund wird in Zukunft beim Ballspielen vermutlich anfangen, zu bellen und zu springen.
2. Lass dein Hundekind mit dem Ball machen, was es will. Oft laufen Welpen nach dem Fangen mit dem Ball im Maul herum, manche lassen den Ball aber auch einfach irgendwo liegen, und andere legen sich mit ihm hin und kauen auf ihm herum. Es geht nicht darum, so schnell wie möglich wieder den Ball zurückzubekommen und erneut zu werfen. Ganz im Gegenteil: Das Hetzen nach einem Ball sollte nicht zu oft hintereinander erfolgen. Viele Hunde kommen dadurch in einen viel zu hohen Erregungszustand.

3. Gerade beim Ballspielen sind Pausen wichtig. Nachdem du den Ball ein- bis zweimal hintereinander geworfen hast, legst du eine Pause ein. Signalisiere dem Hund mit einem klaren Handsignal, dass jetzt eine Pause gemacht wird, und stecke den Ball in die Tasche oder lass ihn einfach am Boden liegen. Dein Welpe soll so lernen: Pausensignal heißt, jetzt ist das Spiel vorbei. Während der Pause soll dein Hund aber schnüffeln oder einer anderen ruhigeren Aktivität nachgehen können.
4. Falls dein Welpe nach dem Ballspiel schwer zur Ruhe kommt, kannst du mit ihm ein Leckerchensuchspiel oder eine ruhige »Platz«-Übung machen. Es ist äußerst wichtig, dass dein Welpe lernt, nach erregenden Aktivitäten wieder herunterzufahren und sich zu entspannen.
5. Kein Dauerspiel: Das Ballspielen lässt sich wunderbar zwischen vielen anderen Aktivitäten als Belohnung und Beschäftigung einbauen. Davor und danach sollte dein Hund aber ruhigeren Aktivitäten nachgehen, die mehr Konzentration erfordern, beispielsweise Suchspiele.
6. Das Spiel muss klar beendet werden. Wenn das Spiel vorbei ist, solltest du das dem Welpen mit einer klaren Geste signalisieren. Er lernt so, dass du den Ball danach nicht mehr werfen wirst und er sich nun anderen Aktivitäten widmen kann.
7. Gelenke schonen: Achte darauf, dass du den Ball nur auf rutschfestem und federndem Untergrund wirfst, um die Gelenke deines Welpen zu schonen.

BALANCE ZWISCHEN RUHE UND AKTIVITÄTSPHASEN

Welpen müssen erst lernen, mit Erregung umzugehen. Egal, ob nach einem Ball- oder Zerrspiel oder nach dem Herumtoben mit einem anderen Hund – die meisten Welpen übertreiben es gern und neigen bei zu langem, wildem Spiel zu noch wilderem Verhalten. Sie werden in der Regel also nicht müde, sondern nur noch aufgedrehter. Bei der Beschäftigung deines Hundekinds solltest du deswegen stets darauf achten, dass eine gute Balance zwischen vielen ruhigeren und kurzen wilderen Aktivitäten herrscht. Insbesondere sollte dein Hund nach einer Beschäftigung zufrieden und entspannt sein.

Denk immer daran: All die wilderen Aktivitäten kannst du im Training als Belohnung einsetzen! Wenn du mit deinem Welpen »Platz« geübt hast, belohnst du ihn danach beispielsweise mit einem Zerr- oder Leckerchensuchspiel.

1. Viele Hunde lieben Ballspiele heiß und innig. Daher eignen sie sich auch so gut als Belohnung für eine kleine Trainingseinheit zwischendurch. Wirf den Ball also nur, wenn dein Welpe das von dir erwünschte Verhalten zeigt.

2. Lass deinen Hund mit dem Ball ruhig davonlaufen, wenn er das will. Er kann sich nun selbst damit beschäftigen.

3. Beende das Spiel mit einem klaren Handzeichen. Nun weiß der Welpe, dass das Spiel vorüber ist.

ZU GUTER LETZT

Ich hoffe, ich konnte dich gut durch die Welpenzeit begleiten und ihr seid zu einem tollen Team zusammengewachsen. Vermutlich wird schon einiges klappen, und vielleicht ist ja nun schon die erste, anstrengendste Phase der Welpenzeit vorbei. Ich würde dir jetzt gern sagen, dass du den schwierigsten Teil geschafft hast. Als professionelle Hundetrainerin muss ich aber ehrlich zu dir sein. Als Nächstes steht dir nämlich die Pubertät des Hundes bevor, eine mindestens genauso aufregende Zeit mit vielen Höhen und Tiefen ...

Dein Welpe wird unabhängiger, eventueller Jagdtrieb wird jetzt verstärkt auftreten, und seine Sexualhormone entwickeln sich – all dies wird dazu führen, dass sich dein vierbeiniger Jungspund nun gegenüber Hunden gleichen und anderen Geschlechts anders verhalten wird.

Du kannst dir also vorstellen, dass das Erlernte nun nicht mehr immer so gut klappen wird. Mitunter wirst du das Gefühl haben, dein Liebling hätte alles »vergessen«. Verzweifle nicht und nimm diese Phase vor allem nicht persönlich. Der Junior braucht gerade jetzt einen zuverlässigen Menschen an seiner Seite, dem er vertrauen kann und der ihn durch diese Phase verständnisvoll begleitet. Und so hoffe ich, dass euch die Welpenzeit zu einem starken Team zusammenschweißen konnte, sodass ihr nun auch die nächste anstrengende Phase gut meistert.

Herzlichst,
eure Petra Frey

REGISTER

Halbfette Seitenzahlen verweisen auf Fotos

ADRESSEN, DIE WEITERHELFEN

ADRESSEN

Fédération Cynologique Internationale (FC), Place Albert 1er, 13, B-6530 Thuin, www.fci.be

Verband für das Deutsche Hundewesen (VDH) e. V., Westfalendamm 174, 44141 Dortmund, www.vdh.de

Österreichischer Kynologenverband (ÖKV), Siegfried-Marcus-Str. 7, A-2362 Biedermannsdorf, www.oekv.at

Schweizerische Kynologische Gesellschaft (SKG/SCS), Thalstr. 49, CH-4710 Balsthal, www.skg.ch

Deutscher Tierschutzbund e. V., In der Raste 10, 53129 Bonn, www.tierschutzbund.de

Österreichischer Tierschutzverein, Berlagasse 36, A-1210 Wien, www.tierschutzverein.at

Schweizer Tierschutz (STS), Dornacher Str. 101, CH-4008 Basel, www.tierschutz.com

Berufsverband der Hundeerzieher*innen und Verhaltensberater*innen e. V. (BHV), Alt Langenhain 22, 65719 Hofheim, www.hundeschulen.de

Berufsverband für Tierverhaltensberater und -trainer e. V. (VDTT), Achtern Dieck 6, 24576 Bad Bramsstedt, www.vdtt.org

Urlaubsberatungsservice des Deutschen Tierschutzbundes, Tel. 0228/6049627, Mo–Do 10–18 Uhr, Fr 10–16 Uhr

HAFTPFLICHTVERSICHERUNG

Fast alle Versicherungen bieten Haftpflichtversicherungen für Hunde an. Informationen erhalten Sie bei Ihrer Versicherung.

REGISTRIERUNG VON HUNDEN

TASSO e. V., Abt. Haustierzentralregister Otto-Volger-Str. 15, 65843 Sulzbach/Taunus, www.tasso.net

Internationale Zentrale Tierregistrierung (IFTA), Nördliche Ringstr. 10, 91126 Schwabach, www.tierregistrierung.de

INTERNET

www.hunde.com Infos rund um den Hund, Diskussionsforum

www.hundewelt.at Alles Wissenswerte über Rassehunde, mit Adressen

www.haushueter.org Urlaubsbetreuung

www.stadthunde.com Community rund um den Hund für zahlreiche Großstädte

www.spass-mit-hund.de Mit vielen Ideen rund ums Spiel

LITERATUR UND QUELLEN

BÜCHER

Bendel, J.: **Das Wunder der Bindung.** Gräfe und Unzer Verlag, München

Bloch, G.: **Wölfisch für Hundehalter: Von Alpha, Dominanz und anderen populären Irrtümern.** Franckh-Kosmos Verlag, Stuttgart

Brück, S./Lenzen, D.: **Wenn Hunde sprechen könnten und Menschen richtig zuhören.** Gräfe und Unzer Verlag, München

Feddersen-Petersen, D.: **Ausdrucksverhalten beim Hund.** Franckh-Kosmos Verlag, Stuttgart

Garfield, S.: **Des Hundes bester Freund.** Gräfe und Unzer Verlag, München

Lang von Langen, S.: **Ich weiß, was du mir sagen willst.** Bastei Lübbe, Bergisch-Gladbach

Ruge, N./Bloch, G.: **Was fühlt mein Hund? Was denkt mein Hund?** Gräfe und Unzer Verlag, München

Schlegl-Kofler, K.: **Hunde-Clickertraining.** Gräfe und Unzer Verlag, München

Schlegl-Kofler, K.: **Hundesprache.** Gräfe und Unzer Verlag, München

Schlegl-Kofler, K.: **Welpen-Starter-Box.** Gräfe und Unzer Verlag, München

Schmidt-Röger, H.: **Hunde – das große Praxisbuch.** Gräfe und Unzer Verlag, München

Taetz, A.: **Welpen-Spiele-Box.** Gräfe und Unzer Verlag, München

Winkler, S.: **Hunde-Clicker-Box.** Gräfe und Unzer Verlag, München

Wischall-Wagner, A.: **Entspannter Mensch, entspannter Hund.** Gräfe und Unzer Verlag, München

ZEITSCHRIFTEN

Der Hund. FORUM Zeitschriften und Spezialmedien GmbH, Merching, www.derhund.de

Partner Hund. Ein Herz für Tiere Media GmbH, München, www.partner-hund.de

Dogs. Verlagshaus GeraNova Bruckmann, München, www.dogs-magazin.de

HundeWelt. Minerva Verlag, Mönchengladbach, www.hunde-welt.de

Wuff. Petmedia Verlagsgesellschaft mbH, Maria-Anzbach, www.wuff.de

BILDNACHWEIS

Cover: Stocksy

Alle Fotos in diesem Buch stammen von Anna Auerbach, mit Ausnahme von:

stock.adobe.com: 37, 45, 60, 64, 70, 104-2, 105-1, 109, 130, 165, 173, 176; Getty Images: 107-1; Natalia Michalec: 190; privat: U4; Tierfotoagentur: 12, 18; Trio Bildarchiv: 42, 54, 107-2, 181.

Die Autorin Petra Frey betreibt als international ausgebildete Hundetrainerin seit nun zehn Jahren die Hundeschule »dogdialog« in Wien. Neben der Arbeit mit verhaltensauffälligen Hunden ist sie spezialisiert auf das Training mit Hundewelpen und bietet neben den gängigen Welpenkursen auch eine Eins-zu-eins-Betreuung von Neuhundebesitzern in deren Hundezuhause an. Daneben betreibt sie den erfolgreichen YouTube-Kanal »welpen kanal« und online-Kurse. Als Absolventin des renommierten Welpenprogramms »LifeSkills« an der University of Lincoln und von vielen weiteren nationalen und internationalen Lehrgängen rund um die Themen Hundetraining und -verhalten geht sie wissenschaftlich fundiert und auf dem neuesten Stand der Forschung an ihre Arbeit heran. Ihr Ziel ist ein modernes,beziehungsförderndes, gewaltfreies und effizientes Training.

DIE WERDEN SIE AUCH LIEBEN.

ISBN 978-3-8338-6683-8

ISBN 978-3-8338-8304-0

ISBN 978-3-8338-8488-7

ISBN 978-3-8338-4849-0

ISBN 978-3-8338-8259-3

ISBN 978-3-8338-8840-3

e Auch als eBook erhältlich.

GU

Mehr von GU auf **gu.de** | **gu.verlag** | **gu.verlag**

LIEBE LESERINNEN UND LESER,

wir wollen Ihnen mit diesem Buch Informationen und Anregungen geben, um Ihnen das Leben zu erleichtern oder Sie zu inspirieren, Neues auszuprobieren. Wir achten bei der Erstellung unserer Bücher auf Aktualität und stellen höchste Ansprüche an Inhalt und Gestaltung. Alle Anleitungen und Rezepte werden von unseren Autoren, jeweils Experten auf ihren Gebieten, gewissenhaft erstellt und von unseren Redakteur*innen mit größter Sorgfalt ausgewählt und geprüft.

Haben wir Ihre Erwartungen erfüllt? Sind Sie mit diesem Buch und seinen Inhalten zufrieden? Wir freuen uns auf Ihre Rückmeldung. Und wir freuen uns, wenn Sie diesen Titel weiterempfehlen, in Ihrem Freundeskreis oder bei Ihrem Online-Kauf.

Sollten wir Ihre Erwartungen so gar nicht erfüllt haben, tauschen wir Ihnen Ihr Buch jederzeit gegen ein gleichwertiges zum gleichen oder ähnlichen Thema um.

KONTAKT ZUM LESERSERVICE

GRÄFE UND UNZER VERLAG
Grillparzerstraße 12
81675 München
www.gu.de

Ein Unternehmen der
GANSKE VERLAGSGRUPPE

IMPRESSUM

Postfach 860366, 81630 München

GU ist eine eingetragene Marke der GRÄFE UND UNZER VERLAG GmbH, www.gu.de

ISBN 978-3-8338-8982-0
2. Auflage 2025

Projektleitung: Anita Zellner
Lektorat: Gerdi Killer, booklab GmbH, München
Bildredaktion: Petra Ender, Natascha Klebl (Cover)
Korrektorat: Annette Baldszuhn
Umschlaggestaltung: ki 36 Editorial Design, München, Petra Schmidt
Layout & Satz: Ludger Vorfeld, München
Herstellung: Susanne Fuhrmann
Reproduktion: Longa AG, Bozen
Druck & Bindung: Drukarnia Dimograf, Polen

UMWELTHINWEIS

Dieses Buch ist auf PEFC-zertifiziertem Papier gedruckt. Somit werden ökologische, soziale und ökonomische Aspekte in der Verarbeitungskette unabhängig überwacht und sind zudem lückenlos nachvollziehbar.

WICHTIGER HINWEIS

Die Gedanken, Methoden und Tipps in diesem Buch basieren auf den Erfahrungen der Verfasserin. Sie wurden von ihr nach bestem Wissen erstellt und mit größtmöglicher Sorgfalt geprüft. Weder Autorin noch Verlag können jedoch für eventuelle Nachteile oder Schäden, die aus den im Buch gegebenen praktischen Hinweisen resultieren, eine Haftung übernehmen.